教育部数字艺术设计人才培养系列教材

全国信息技术应用培训教育工程工作组　审定

PHOTOSHOP 插画艺术设计教程

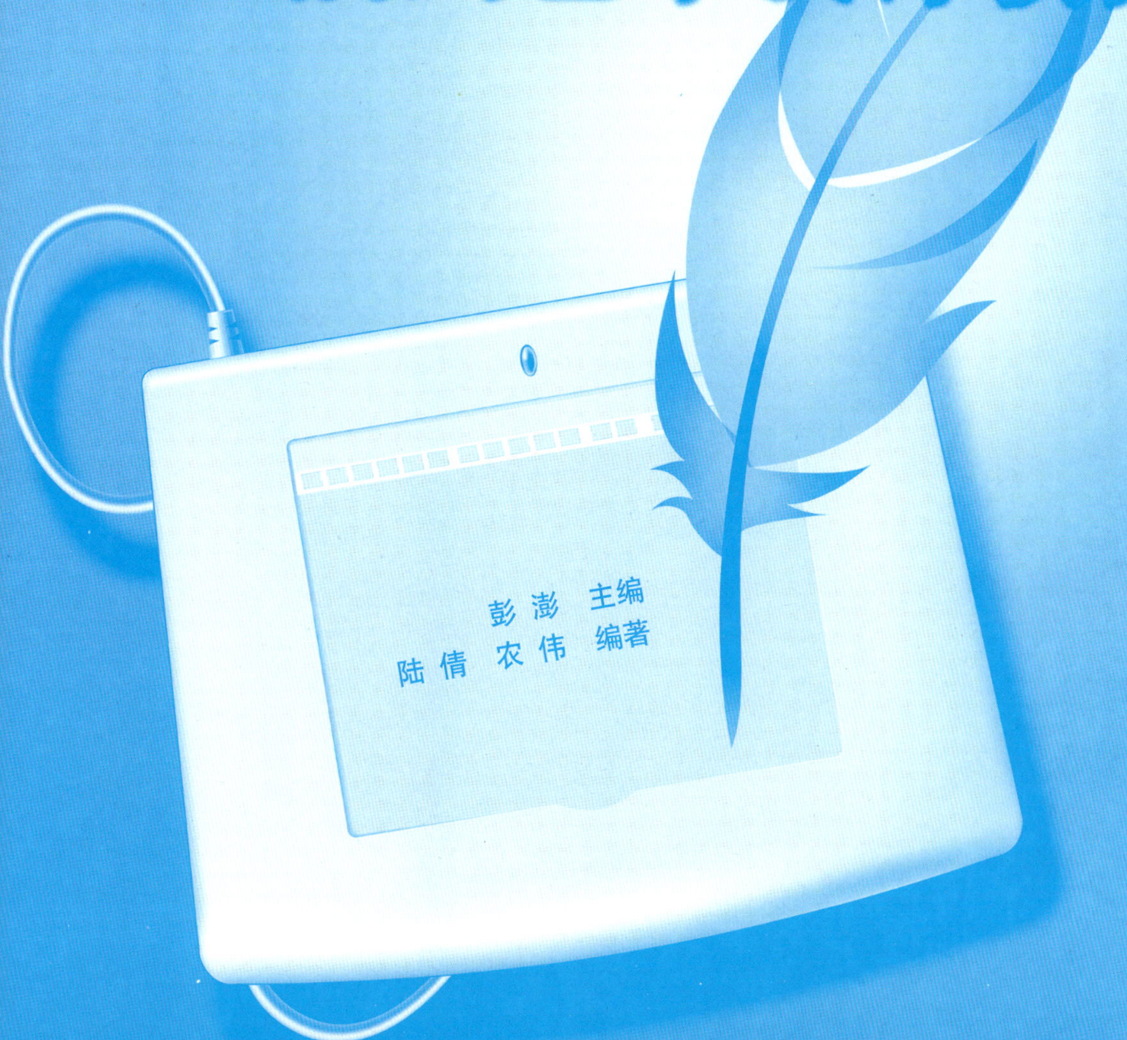

彭澎　主编
陆倩　农伟　编著

内容简介

本套丛书隶属于教育部实用型信息技术人才培养系列教材，主要面向数字艺术设计类人才培养方向，同样也是全国信息技术应用培训教育工程（简称 ITAT 教育工程）指定培训教材。

本书主要讲解和阐述了如何使用 Photoshop 进行插画设计与制作的基本方法。在介绍插画基础知识的基础上，通过精选的案例，讲述不同风格的艺术插画的实现方法，深入介绍使用 Photoshop 绘制插画的技巧。

本书在介绍插画制作过程的同时，还介绍了创作者的创作思路、创作感受和独特技法，这正是一般纯技法类书籍所缺乏的特色。书中每个案例制作步骤详细，有很强的操作性，除适用于初学者之外，还适合对 Photoshop 软件有初步了解，希望从事或正在从事平面设计、插画设计的读者阅读，也适合作为艺术院校相关专业的学习教材。

本书习题部分所需图片请从 www.b-xr.com 下载。

需要本书或技术支持的读者，请与北京清河 6 号信箱（邮编：100085）发行部联系，电话：010-82702660，62978181（总机）转 103，传真：010-82702698，E-mail：tbd@bhp.com.cn。

图书在版编目（CIP）数据

Photoshop 插画艺术设计教程 / 彭澎主编，陆倩，农伟编著. —北京：科学出版社，2007.5

（教育部数字艺术设计人才培养系列教材）

ISBN 978-7-03-018518-1

Ⅰ.P... Ⅱ.①彭...②陆...③农... Ⅲ.图形软件，Photoshop —教材 Ⅳ.TP391.41

中国版本图书馆 CIP 数据核字（2007）第 051426 号

责任编辑：范二朋 / 责任校对：王春桥

责任印刷：朝 阳 / 封面设计：徐 辉

科学出版社 出版

北京东黄城根北街 16 号

邮政编码：100717

http://www.sciencep.com

北京朝阳印刷厂 印刷

科学出版社发行 各地新华书店经销

*

2007 年 5 月第 一 版 开本：787×1092 1/16

2007 年 5 月第一次印刷 印张：13 1/4 彩插 10

印数：1—4 000 字数：329 000

定价：24.00 元

情人节

万圣节

感恩节

复活节

圣诞节

红色的喜庆象征

金秋黄色

生命绿色

蓝色音乐象征

高贵的紫色象征

弟弟喝牛奶（第3章）

背景合成1（第4章）

后期效果1（第5章）

海的女儿（第6章）

休闲插画

Bert Monroy作品

Photoshop绘图作品

捉鱼态造型

张望态造型

树枝上站立造型

（第7章）合成效果

学生作品

学生习作　白涛颖

作品以同一个造型体现了手绘及计算机处理两种表现形式，画面前方的人物色彩简洁明快，与小画面中的淡彩效果形成对比。

学生习作　房娜

作品色彩丰富，装饰性较强。人物色彩主要以平色表现，背景物体的色彩为渐变色表现。人物动态夸张、表情生动，体现了马戏团式的活泼氛围。

学生习作　高磊

作品刻画细腻，服饰及配饰的设计衬托出独特的人物造型，整体色调柔和，体现出宁静及梦幻的氛围。

学生习作　李冬梅

人物的头饰和服饰图案细节丰富，色彩鲜艳，戏剧特征突出。笔触效果体现了较强的质感特征。

学生习作　黄彦杰

作品前期使用手绘，后期输入计算机加工处理，保留较强的手绘风格。

学生习作　林海金

使用不同的笔触效果绘制出场景的各个部分，体现出水粉画的效果。整体空间布局合理，通过明暗的对比体现光影效果和画面层次感。

学生习作　刘宸妍

画面主要通过色彩渐变体现出简洁明快的色调，背景部分色彩过渡柔和，裙摆、头发以及脚的部分明暗对比强烈，使得人物造型更为突出。

学生习作（吉祥物设计）　孙峥

以憨厚的神态和姿势体现吉祥物的性格，以冷、暖色区分恐龙的性别，使其拟人化。线条光影效果较强，保留了手绘的风格。

学生习作　杨博

画面色彩为暖色调，人物活造型生动活泼，色彩丰富而不显杂乱，脸部颜色和衣服颜色与部分背景物颜色一致，整体简洁的背景更好地突出主体人物造型。

学生习作　杨雯捷

画面以冷色调突出幽静的氛围，使用暖色的光源与整体色调形成对比，使画面光感效果更为突出。

学生习作　张靖

画面主要以平色表现，色彩较为大胆，人物肤色以黑色表现，配合人物服饰的设计，体现出时尚、休闲的气息。

学生习作（儿童用品吉祥物）　张翔

这组造型线条简洁流畅、变化丰富，色彩以大色块体现明暗关系，道具的设计也很好地体现了儿童用品的特征。

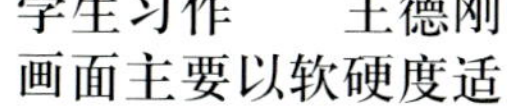

学生习作　王德刚

画面主要以软硬度适中的笔触效果进行绘制，色彩纯净，主体人物较为突出。人物头部比例的造型夸张，更显现出童真趣味。

学生习作（吉祥物设计）　吕娟

造型可爱，线条简洁。帽子的设计体现了糖果的特征，橙、红、白为主的色调体现了温馨的氛围。

学生习作　汪德顺

作品为电影海报习作，画面主要以黑色和红色为主色调来体现，人物造型、神态及脸部的装饰图案力求体现电影的主题。

学生习作(吉祥物设计) 陈俊邑

画面从多个角度体现造型的特征，具有更强的空间性。色彩简单，线条随意，整体风格轻松自然。

学生习作(吉祥物设计) 杨鑫

人物造型简洁，线条光滑，色彩明快，两个人物的服饰各不相同，手持的道具也各不相同，较好地体现了儿童用品的主题。

学生习作（吉祥物设计） 王霞

这组造型为2008年北京奥运会吉祥物习作，以不同的动态特征体现，线条简单，色彩的刻画体现出立体的效果。

教育部实用型信息技术人才培养系列教材编辑委员会

（暨全国 ITAT 教育工程专家组）

出版说明

信息化是当今世界经济和社会发展的大趋势，也是我国产业优化升级和实现工业化、现代化的关键环节。信息产业作为一个新兴的高科技产业，需要大量高素质复合型技术人才。目前，我国信息技术人才的数量和质量远远不能满足经济建设和信息产业发展的需要，人才的缺乏已经成为制约我国信息产业发展和国民经济建设的重要瓶颈。信息技术培训是解决这一问题的有效途径，如何利用现代化教育手段让更多的人接受到信息技术培训是摆在我们面前的一项重大课题。

教育部非常重视我国信息技术人才的培养工作，通过对现有教育体制和课程进行信息化改造、支持高校创办示范性软件学院、推广信息技术培训和认证考试等方式，促进信息技术人才的培养工作。经过多年的努力，培养了一批又一批合格的实用型信息技术人才。

全国信息技术应用培训教育工程（简称ITAT教育工程）是教育部于2000年5月启动的一项面向全社会进行实用型信息技术人才培养的教育工程。ITAT教育工程得到了教育部有关领导的肯定，也得到了社会各界人士的关心和支持。通过遍布全国各地的培训基地，ITAT教育工程建立了覆盖全国的教育培训网络，对我国的信息技术人才培养事业，起到了极大的推动作用。

ITAT教育工程被专家誉为“有教无类”的平民学校，以就业为导向，以大、中专院校学生为主要培训对象，也可以满足职业培训、社区教育的需要。培训课程能够满足广大公众对信息技术应用技能的需求，对普及信息技术应用起到了积极的作用。据不完全统计，在过去6年中共有五十余万人次参加了ITAT教育工程提供的各类信息技术培训，其中有近二十万人次获得了教育部教育管理信息中心颁发的认证证书。工程为普及信息技术、缓解信息化建设中面临的人才短缺问题做出了一定的贡献。

ITAT教育工程聘请来自清华大学、北京大学、中国人民大学、中央美术学院、北京电影学院、中国传媒大学等单位的信息技术领域的专家组成专家组，规划教学大纲，制订实施方案，指导工程健康、快速地发展。ITAT教育工程以实用型信息技术培训为主要内容，课程实用性强，覆盖面广，更新速度快。目前工程已开设培训课程二十余类，共计五十余门，并将根据信息技术的发展，继续开设新的课程。

本套系列教材由清华大学出版社、人民邮电出版社、机械工业出版社、北京希望电子出版社等出版发行。根据工程教材出版计划，全套教材共计六十余种，内容将汇集信息技术及应用各方面的知识。今后将根据信息技术的发展不断修改、完善、扩充，始终保持追踪信息技术发展的前沿。

全国ITAT教育工程的宗旨是：树立民族IT培训品牌，努力使之成为全国规模最大、系统性最强、质量最好，而且最经济实用的国家级信息技术培训工程，培养出千千万万个实用型信息技术人才，为实现我国信息产业的跨越式发展做出贡献。

全国ITAT教育工程负责人
系列教材执行主编　　薛玉梅

前　　言

随着计算机技术的普及与发展，极大地推动了数字艺术的发展。现代插画除了使用纸、笔、颜料等传统绘画工具来绘制外，还可以结合计算机领域中的各种数字技术来创作。

本书就是以插画设计为出发点，来介绍数字插画的创作方法，旨在让读者快速掌握数字插画的创作技术和设计艺术，能够设计、制作出具有良好效果的插画作品。

本书从实践、实用、艺术的角度系统地概括了插画的基础知识，结合 Photoshop CS 的使用同步深入，从艺术、技术和应用的角度讲解了 Photoshop CS 在插图设计和制作中的应用。全书以插画设计理论为基础，通过实例对数字插画设计过程中遇到的问题、解决这些问题的方法、设计实用技巧、实际经验进行了介绍。

本书大纲由彭澎、陆倩、农伟共同制定，并由彭澎定稿。参加编写工作的有陆倩、农伟等，全书由彭澎教授统编、总纂。在教材编写过程中得到了杨中碧老师的大力支持。由于作者水平有限，书中难免出现错误，希望广大读者提出宝贵意见。

目 录

第 1 章　基础知识

本章是以传统绘画理论为基础，在结合理论知识的基础上，比较系统和全面地对插画的有关知识进行介绍，目的是使读者掌握传统绘画的基本理论以及了解插画的发展变化、表现形式和应用领域。

1.1　绘画基础

插画属于绘画艺术，插画设计与创作需要以一定的绘画知识为基础。因此，在学习插画设计之前首先需要对绘画基础有一定的了解和掌握。

1.1.1　造型

绘画创作需要借助色彩、明暗、线条、解剖和透视等造型方法来表现，艺术家对造型表现手段的规律性的不断探索，精益求精，是使艺术创作能够表现新的生活内容和满足人们不断发展的审美爱好的必要条件。

1. 什么是造型

造型是绘画艺术中创造艺术形象的手法和手段。点、线、面、体，是一切造型的基本要素。其目的都是为了正确地描绘和表现物体的形体结构。点、线、面、体如图 1-1 所示。

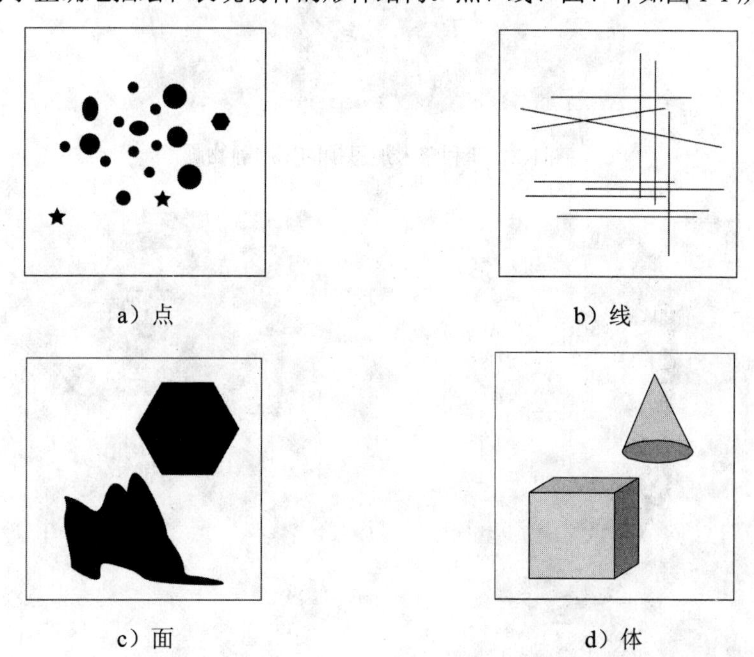

a）点　b）线　c）面　d）体

图 1-1　点、线、面、体

2. 造型的分类

绘画造型的表现方法，一般分为明暗造型和线描造型两种。

1）线描造型

线是面的概括，同时也是造型的手段。物体的外轮廓线表明了物体的基本形象特征，物体与环境的分界线显示和分割空间以及捕捉形态。线具有高度的表现力，可以表现长度、宽度、色调、明暗和质地。线的轻重，深浅，粗细，虚实，能够表现出不同的视觉效果。图 1-2 所示的是菲利普·加思顿的无题静物画，线条自然流畅、简洁灵动，使物体具有了张力，并产生出戏剧效果。图 1-3 所示的作品是亚尔勃斯的《自画像六》，作品运用线条来表现人物神态。作品中的粗体线条与画中微妙的形体形成了强烈的对比，特别是寥寥几笔的头发线条体现出了一种强烈的变化效果。在莱那·罗伯特·布什的《弗雷德里克·吉埃斯雷》画像中可以看出，采用线条“虚化”连接手法，在视觉上使相连的形体之间具有了空间感（如图 1-4 所示）。在一些现代插画中，运用轻重、虚实线条，能够使画面呈现出轻松、活泼的氛围（如图 1-5 所示）。

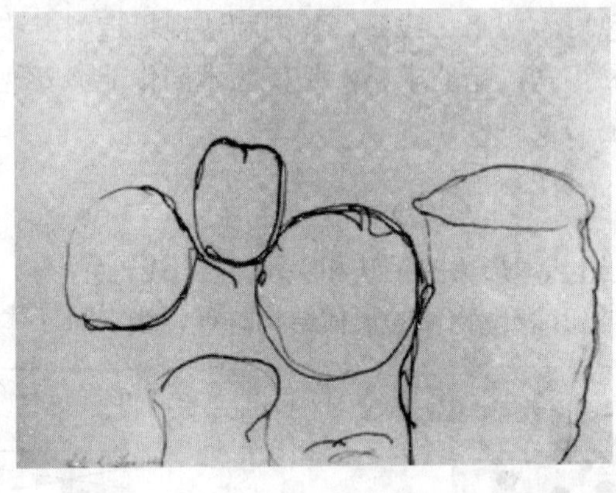

图 1-2　菲利普·加思顿的无题静物画

图 1-3　《自画像六》

图 1-4　《弗雷德里克·吉埃斯雷》

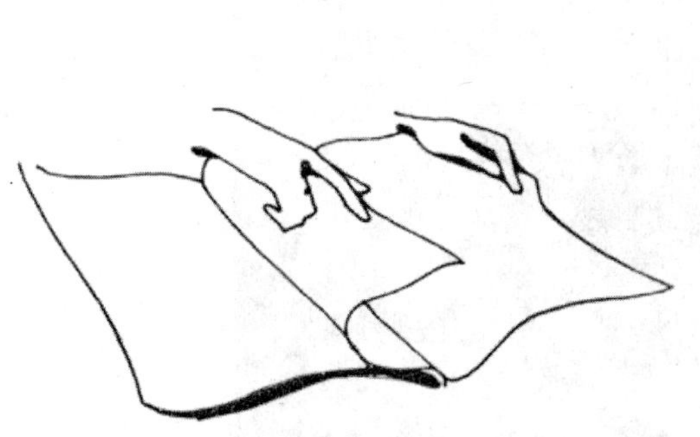

图 1-5　轻重、虚实线条

2）明暗造型

物体的形态是在光的作用下表现出来的，物体本身的明度也是受光的影响而变化的，或明或暗，如图 1-6 所示。

多面体

球体

图 1-6　多面体和球体

图 1-6 所示的多面体，在受顶部光源照射后，表现出了从单个角度投射光照后的多面体的明暗关系；图 1-6 所示的球体在受顶部光源照射后，表现了明暗对比关系。物体明暗关系与光之间的联系主要体现在如下几个方面：

（1）光强，且距物体距离近，则明度高。

（2）一般来说，物体表面与光线之间的关系是：角度越大光线越弱。

（3）在同一环境下，画者距物体的距离越近，明度越高。

（4）在同一环境下，物体颜色浅，则明度高。

从明暗角度来观察物体，物体受光后的明暗情况大致分为明部、半明部（中间灰调子）、明暗交界线、反光部和投影几个部分。明暗和半明部属于亮面，明暗交接线、反光部和投影属于暗面，他们构成了明暗两大系统。明和暗两大系统如图 1-7 所示。在乔治·彼德尔的肖像画中，光影之间是清晰的明暗交接线，尽管没有高光部分，鼻子和下巴的阴影确定了鼻子和下巴的形体。乔治·彼德尔的肖像画作品如图 1-8 所示。

图 1-7　明暗的两大系统

图 1-8　乔治·彼德尔的肖像画作品

1.1.2　线条

在各种各样的绘画形式中，线条可以说是最简洁有力的绘画语言,是支撑和表现艺术形象的重要手段。线条不但可以表现出极强的形式美感，而且还能反映出丰富的情感。线条与作品所表达的内容应该是紧密相关的，强劲有力的、飘逸柔软的、潇洒奔放的、秀丽妩媚的等各种不同形式的线条所产生的画面效果是完全不同的,它们影响着作品的整体氛围。

1. 什么是线条

线条是绘画艺术中的基本要素，是绘画最重要的艺术语言和表达方式。线条能够迅速、

简便地表现物象。线条具有多种特征和类型，线条具有丰富的表现潜力和强烈的感情特征，其有着独立的审美价值。

纵观中外美术史，人类最早的绘画作品——岩画、壁画等都多以线条来表现，岩画如图 1-9 所示。中国书法把线条的魅力发挥到极至，书法效果如图 1-10 所示。中国绘画中“十八描”充分体现了线条的多样性与表现力，“十八描”如图 1-11 所示。

图 1-9 岩画

图 1-10 书法

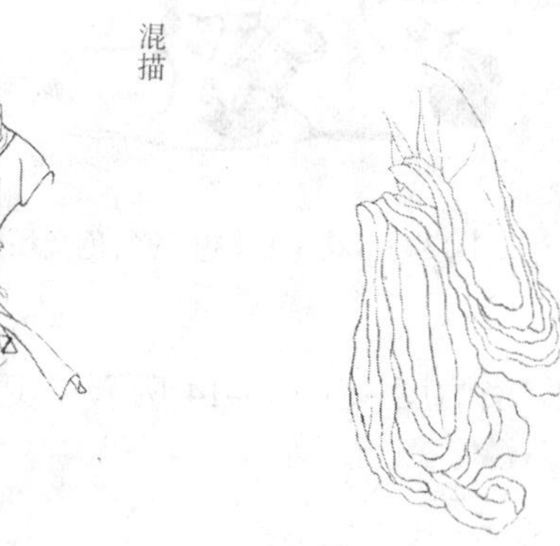

图 1-11　十八描

2. 线条分类

在插画作品中，线条的表现风格大致可以分为卡通式、随意式、白描式、影调式四种。

1）卡通式

卡通形式的线条受迪斯尼动漫的影响很大，迪斯尼卡通线条的语言特点是：线条流畅、光滑、处理形象及结构较为简练，概括性很强，形象上具有卡通的可爱感。图 1-12 所示的图就是采用迪斯尼卡通式线条创作的卡通形象。

图 1-12　卡通式线条

2）随意式

通常，随意式线条令人觉得轻松而拙趣，例如舒尔茨的作品《花生豆》，如图 1-13 所示。

图 1-13　《花生豆》中的角色及场景

3）白描式

白描式线条饱满、刚硬，有力度（如图 1-14 所示），通过使用白描线条的表现手法，使作品中的鸟饱满、刚硬。

图 1-14　中国白描

4）影调式

影调式线条的特点是多而重叠、细密地排列，有利于表现明暗影调。这种形式的线条通常用于表现一种轻松和充满艺术气息的氛围。如图 1-15 所示的是保罗·塞尚的铅笔画《德拉克洛瓦像》，画面线条自由随意、极富描述性。

图 1-15　影调式

1.1.3　构图

构图在一幅画面中起着至关重要的作用，它是表达作品思想内容并获得艺术感染力的重要手段，对一幅绘画作品的成败起着决定作用。

1. 什么是构图

构图是指作品中艺术形象的结构配置方法。构图是根据题材、主题思想和形式美感的要求，将经过选择的各个对象，按一定的形式法则适当地组织安排在画面上，以构成一个协调的完整的画面，来明确地表达其主题内容。构图在中国画中被称为“布局”、“章法”或“经营位置”。图 1-16 所示的作品是画家詹姆斯·瓦雷里的《花和镜子静物画》，作品将许多花朵连同各种单调的物体呈现在有花朵图案的织布上，镜子摆放的位置恰好有一朵花反射在镜子里。深色的部分在镜框和梳子的部位，在作品中共同奠定了一个大跨度的明与暗的范围。质地优雅豪华的织布，从画面顶部滑落到底部，而布料上一块三角形部位巧妙地呈现出与织布质地相反的一面。

图 1-16 《花和镜子静物画》

2. 构图的基本规则

1）整体观念

整体观念决定着一副绘画作品的好与坏、优与劣。因此，在构图时，首先要考虑到画面的整体布局与安排。如图 1-17 所示的是画家有田明的作品，作品中的五只颜料桶虽然都占据着画面上半部分的空间，但它们各自有属于自己的空间，体现了整体构图的和谐。

图1-17　《五只颜料桶》

2）主次分明

构图中要主次分明，主要内容应安排在显眼的位置上，次要内容应安排在对主体起陪衬、烘托作用的位置上。图 1-18 所示的是动画片《平成狸》中狸猫化作艺人游行的画面。其中狸猫表演为主体内容，被安排在画面最显眼的位置，狸猫身后的人物、房子、树、汽车等都作为次要内容，起交代场景的作用。

图1-18　构图中的主次

3）比例和透视

一幅画面中的不同物体，在外观形态上的尺度关系就是物体之间的比例。构图中的比例关系如图 1-19 所示。

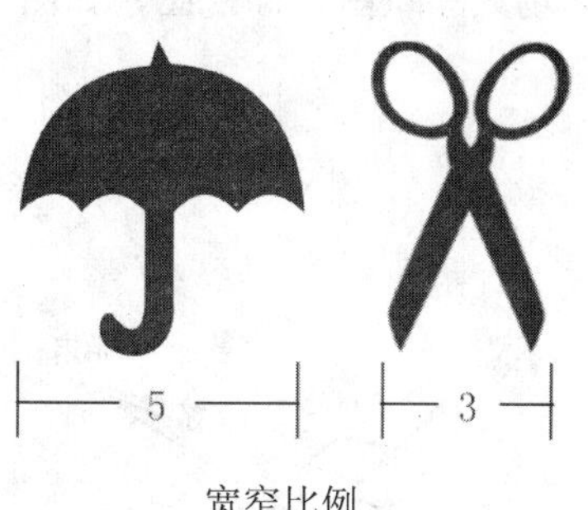

图 1-19　比例

透视是指画面中各个物体之间的空间关系或位置关系。构图时，处理好物体的比例和透视关系，可以让画面变得合理而富有空间感。透视分一点透视（又称平行透视）、两点透视（又称成角透视）、三点透视和多点透视等类型。

（1）一点透视是指一个或多个物体的消失点集中在一个点上。一点透视能充分体现空间环境的远近感，如图 1-20 所示。

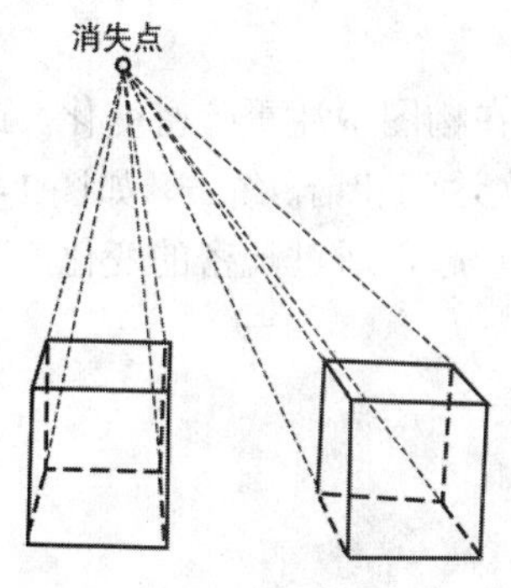

图 1-20　一点透视及图例

（2）两点透视是指一个或多个物体的消失点集中在两个点上。两点透视所表现的画面具有自由、生动、真实性、多样性等效果，两点透视特别适于表现像人物集会等复杂场景的场合，如图 1-21 所示。

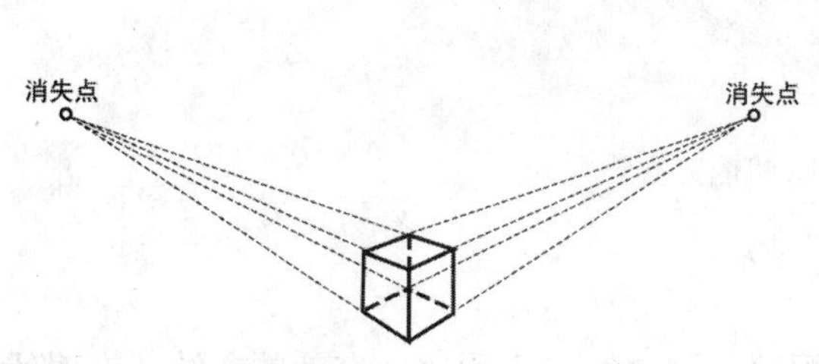

图 1-21　两点透视及图例

（3）三点透视是指一个或多个物体的消失点集中在三个点上。三点透视多用于表现高

大建筑和空间场景鸟瞰图、仰视图，如图 1-22 所示。

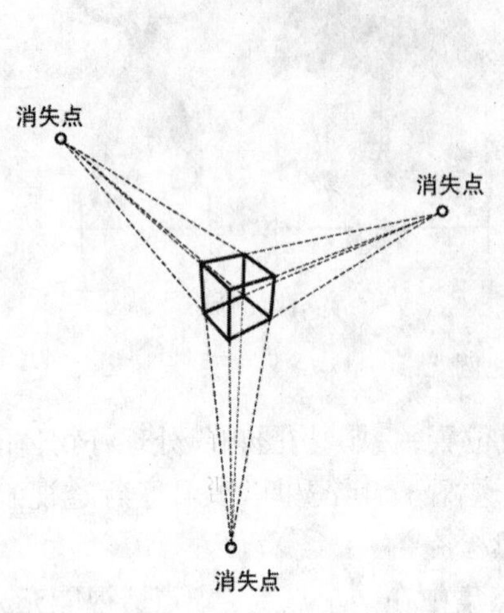

图 1-22　三点透视及图例

4）疏密变化

为了避免由于画面平均而造成的刻板、呆滞，需要在构图中注重疏密变化。疏密的变化与节奏和层次密切相关，构图时要做到疏密有秩，层次达到和谐、统一。如图 1-23 所示，画家查尔斯·席勒的作品《帆船》将斜线与弧线结合在一起，通过疏密的变化产生更为复杂的图样，从而显现出更大的活力。

图 1-23 《帆船》

3. 构图练习

构图练习的方法之一是临摹优秀的铅笔画稿，这是练习构图比较有效的方法。在对铅笔画稿进行临摹时应该体会和考虑创作者的最初动机，通过练习来提高插画布局能力和思维能力。临摹实例如图 1-24 所示。

原作

临摹作品

图 1-24　临摹实例

构图练习的另一种方法是临摹优秀的摄影作品。照片很容易解决构图中的许多问题，诸如透视、比例、色彩、明暗关系等。临摹优秀的摄影作品可以帮助解决很多构图问题，临摹实例如图 1-25 所示。

摄影作品

临摹作品

图 1-25　临摹实例

1.1.4　色彩

色彩是绘画的重要元素之一。通过光的反射和折射，人的视觉感官感知到色彩。由于物体质地不同和对各种色光的吸收和反射的程度不同，使世间万物形成千变万化的色彩。

1. 什么是色彩

色彩是人们日常生活中最常见、最熟悉的，从大自然中的天空、大地、山川、河流到人们日常生活中的衣食住行。但是，色彩并不像许多人认为的那样，是物体天生所固有的，自然界中所有物体的颜色都是物体本身吸收和反射光波的结果。

英国科学家牛顿于 1676 年用一只三棱镜将太阳光分离出五颜六色的光谱时，人们才第一次真正认清了色彩产生的原因：白色阳光是由红、橙、黄、绿、青、蓝、紫七种光波组成的，例如："一只杯子是红色的。"实际是杯子表面分子吸收了橙、黄、绿、青、蓝、紫等色光，而仅仅反射红颜色光波的结果。当某个物体吸收了光波中的其他颜色，而唯独反射某一种颜色的光波时，这个物体就会呈现它反射出的颜色。全反射的呈现白色，而黑色则是对光波全吸收的结果。物体呈现颜色是光线照射的结果，光产生了色彩。光是色彩之母，展现在我们面前五彩缤纷的世界，实际上都是光的杰作。色彩世界千差万别，不过大致可以分为无彩色——指黑、白、灰那样没有纯度的色，和有彩色——指像红橙黄绿蓝紫色等。色彩的产生如图 1-26 所示。

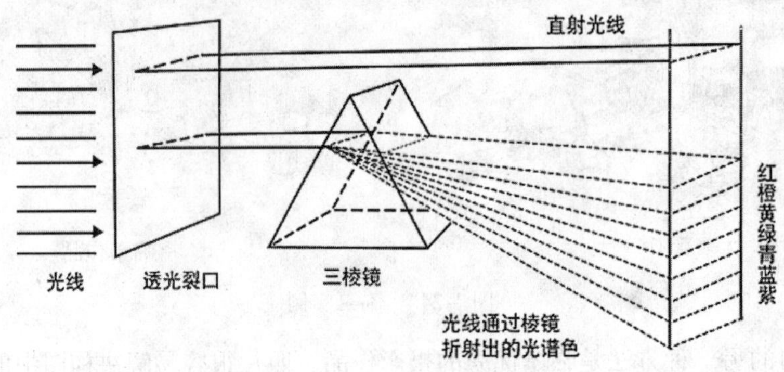

图 1-26　色彩的产生

2. 色彩的三要素

自然界中所有的色彩都具有明度、色相和纯度三种特性。明度是指色彩的深浅范围，决定着色彩的亮与暗；纯度是色彩在同一光线下的鲜亮程度；色相则是色彩的相貌。它们是同一个颜色的不同属性，相互关联并相互影响着。视觉所感知的一切色彩现象，都具有明度、色相和纯度三种特性，即色彩的三要素。

1）明度

明度是指色彩的明暗程度。明度主要是由光波的振幅所决定的。明度最高的是白色，最低的是黑色。一个物体表面的光反射率越大，明度就越高，对视觉的刺激的程度越大，看上去也就越亮。在所有彩色中，黄色为明度最高的颜色，紫色是明度最低的颜色。

明度在三要素中具有较强的独立性，它可以不带任何色相的特征而只通过黑白灰的关系单独呈现出来。色相与纯度则必须依赖一定的明暗才能显现，色彩一旦发生，明暗关系就会同时出现。黑、白、灰之间可构成明度秩序。任何一种有色彩混黑、混白可构成该色以明度为主的秩序。如图 1-27 所示。

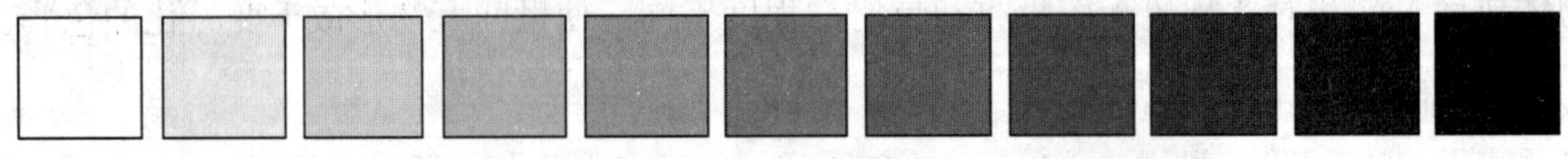

图 1-27　明度

2）色相

色相是指色彩的相貌，是区别色彩种类的名称，指不同波长的光给人的不同感受。如果说明度是色彩的骨骼，色相就是色彩华丽的肌肤。色相体现着色彩的个性，是色彩的灵魂。

光谱中各色相显示着色彩的原始样貌，构成了色彩体系中的基本色相。光谱中，红、橙、黄、绿、蓝、紫每一种色相都有自己的波长和频率，人们给这些可以相互区别的色定出名称，久而久之就会有一个特定的色彩印象，这就是色相的概念，如图 1-28 所示。

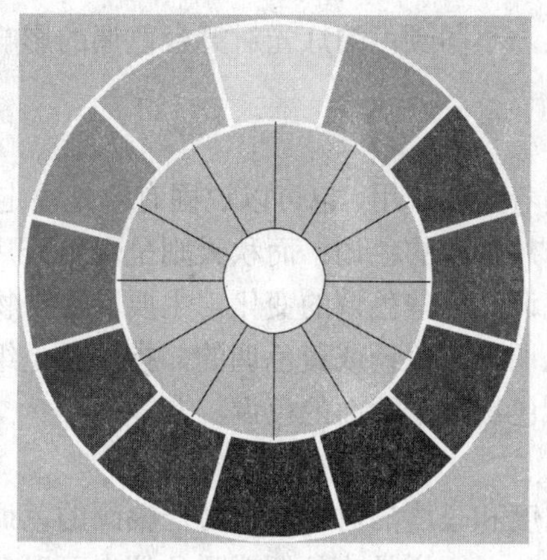

图 1-28 色环

3）纯度

纯度是指色彩的鲜净程度，也可以说指色相感觉的明艳及鲜灰程度。它取决于一种颜色的波长的单一程度。光谱中，红、橙、黄、绿、蓝、紫等色是最纯的高纯度色光。颜料中的红色是纯度最高的色相。蓝绿色是纯度低的色相。任何一个色相混白、混黑、混灰、混补色都会降低其纯度，混入的越多纯度越低，如图 1-29 所示。

图 1-29 纯度

人的视觉所能感受的色彩范围，绝大部分是非高纯度的色。也就是说，大量都是含灰的色，有了纯度的变化，才使色彩显得极其丰富。在实际的设计工作及日常生活中，对色彩纯度的选择往往是决定颜色的关键。只有对色彩纯度的控制到达精微的程度，才可以算是一个严格的经验丰富的色彩设计家。

3. 色调

色调指的是一幅画中画面色彩的总体倾向，是大的色彩效果。在大自然中经常见到这样一种现象：不同颜色的物体或被笼罩在一片金色的阳光之中，或被笼罩在一片轻纱薄雾似的、淡蓝色的月色之中；或被秋天迷人的金黄色所笼罩；或被统一在冬季银白色的世界之中。这种在不同颜色的物体上，笼罩着某一种色彩，使不同颜色的物体都带有同一色彩倾向，这样的色彩现象就是色调。

色调变化是丰富多样的，概括起来，色调的形成受以下几种因素的影响。

1）光源

同样的物体如果在暖色光线照射下，物体就会统一在暖色调中；如果在冷色光线照射下，物体又会被统一在冷色调中。当光线带有某种特定的色彩时，整个物体就被笼罩在这种色彩之中。在戏剧舞台上，不同颜色的灯光对舞台色调的影响就是光线决定色调最明显的例子。

2）固有色

物体固有色对色调也起着重要作用。也可以说固有色是决定色调最基本的因素。例如：一片山林在春天时呈现出一片嫩绿的色调；而秋天则呈现出一片迷人的金黄色调，冬天叶落草枯则呈现出一片灰褐色调。这些色调的变化，主要取决于物体本身固有色的变化。通常说某幅画是绿色调、蓝色调、紫色调或黄色调的，指的就是组成画面物体的固有色，就是这些占画面主导地位的颜色决定了画面的色调。

3）高调与低调

主要指色调中颜色的明度和亮度的对比。在对一幅画的色调进行构思设计时，同样是绿色调可以有高调和低调之分，同样是冷色调或暖色调也可以有高调和低调的区别。高调绘画的色彩亮度高，色彩之间的明度对比弱（明暗反差小），画面特点是清淡、高雅、明快。而低调绘画在色彩上用色浓重、浑厚、亮度低，色彩的明暗对比强烈，画面特点深沉、结实，富于变化。色彩明暗对比的不同能够创造出丰富的色调变化。

4. 色彩联想与象征

1）色彩的联想

当人们看到某颜色时，必然会将它与其相关的精神、内涵、意义、形态等相联系，这就是所谓的联想。色彩的联想是通过过去的经验，记忆或知识而取得的。色彩的联想可分为具体的联想与抽象的联想，如表 1-1 所示。

表 1-1　色彩的联想

颜色	具体的联想	抽象的联想
红色	火、血、太阳……	热情、危险、活力……
橙色	灯光、柑桔、秋叶……	温暖、欢喜、嫉妒……
黄色	光、柠檬、迎春花……	光明、希望、快活、平凡……
绿色	草地、树叶、禾苗……	和平、安全、生长、新鲜……
蓝色	大海、天空、水……	平静、悠久、理智、深远……
紫色	丁香花、葡萄、茄子……	优雅、高贵、庄重、神秘……
黑色	夜晚、墨、炭、煤……	严肃、刚健、恐怖、死亡……
白色	白云、白糖、面粉、雪……	纯洁、神圣、清净、光明……
灰色	乌云、草木灰、树皮……	平凡、失意、谦逊……

2）色彩的象征

象征是由联想并经过概念的转换后形成的思维方式。色彩的象征是联想经多次反复后思维方式里固定了的专有表情，于是在思维中某色就变成了某事物的象征。

在欧洲，自古以来就以金黄、银白、红、绿、紫、蓝、黑七种颜色分别象征太阳、月亮、火星、水星、木星、金星、土星等星体，以及周日至周六的不同时间。基督教还运用不同的色彩代表不同节日，如红色代表圣瓦伦丁节（情人节），橙色代表万圣节，茶色代表感恩节，黄、紫二色代表复活节，红、绿二色代表圣诞节等等，各种节日图片如图 1-30 所示。

a） 情人节

b） 万圣节

c） 感恩节

d） 复活节

e） 圣诞节

图1-30 各种节日图片

在我国道教的标志太极图，由红、青构成，红色象征阳、青色象征阴，阴阳左右盘绕谓之太极。青龙、白虎、朱雀、玄武在古代神话中称为四灵，它们为别为东、西、南、北四个方位的神。这样青、白、红、玄（黑）就分别象征东、西、南、北四个方向。五行论将白、青、黑、赤、黄分别象征金、木、水、火、土五种基本元素。

红是火的色彩。表示热情奔放，血也是红色的，红色又代表了革命。在我国喜庆的日子用红色，国旗用红色，因此红色象征着革命、喜庆、热情、幸福等。同样红色作为交通信号的停止色、消防车的色彩，因此红色又象征着危险与恐怖。红色的喜庆象征如图1-31所示。

图1-31 红色的喜庆象征

黄色象征日光，如金黄色的太阳。在我国清代，黄色是帝王的色彩，一般人是不许用的。黄色在古代的罗马也被视为高贵的色彩。在自然界，秋天是黄色的，因此黄色又代表着金秋。在信仰基督教的国家里，把黄色认为是下等色。金秋的黄色如图 1-32 所示。

图1-32 金秋

绿色为大自然草木的颜色，所以绿色意味着自然、生命、生长，同时绿色也象征着和平，在交通信号中又象征着前进与安全。绿色的生命象征如图 1-33 所示。

图1-33 绿色生命

蓝色是幸福色，表示希望，在西方表示名门血统，因此蓝色是身份高贵的表示。不过，蓝色又是绝望的同义语。所谓“蓝色的音乐”实质就是“悲伤的音乐”。蓝色音乐象征如图1-34所示。

图1-34　蓝色音乐象征

紫色是高贵庄重的色彩，在我国古代作为表示等级的服色，紫色是最高级的。在西方古希腊时代，紫色作为国王的服装色使用。高贵的紫色象征如图1-35所示。

图1-35　高贵的紫色象征

白色意味着纯粹和洁净：我国和印度的所谓白牛、白象都是吉祥和神圣的象征。“弄清黑白”就是断明恶善，所以白色还意味着善良，但是白色在我国又象征着死亡，如披麻戴孝。打白旗象征着投降等等。白色象征如图1-36所示。

图1-36　白象

黑色是不吉利色，象征着黑暗、沉默、地狱，“黑名单”等都是不好的象征。但黑色也给人以深沉、庄重、刚直的象征。黑色象征如图 1-37 所示。

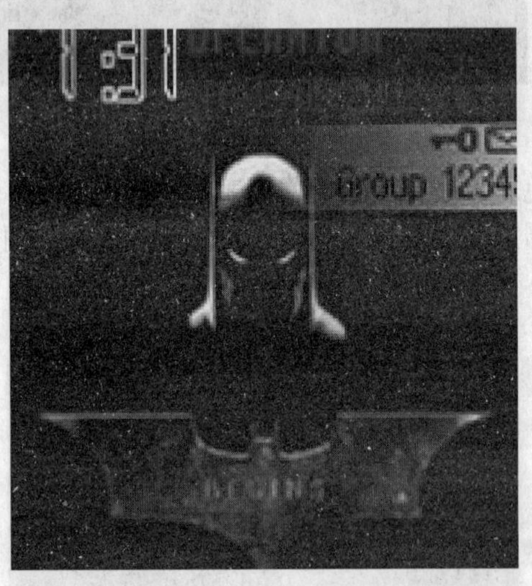

图1-37　黑色象征

1.2　插画基础

从插画发展的历史来看，插画是以书籍为主要载体的艺术形式。1979 年版的《辞海》中将“插画”解释为“插附在书刊中的图画……如文学、科学、技术、儿童读物等，因内容不同而形式各异”。绘制者将读者在文字中感受到的形象、情节以及感情因素，非常明确、直接地通过画面表现出来。画面内容要使传达的信息更加准确，更加富有感染力，并富有独立的审美意义。因此可以把插画简单地理解为：插画是将书籍中的文字或信息传达的内容进行视觉形象化的阐述。

现代数字技术的发展，为插画提供了新的技术手段和表现形式。创作者不仅可以使用纸、笔、颜料等传统绘画工具来绘制，还可以通过计算机软件来绘制插画，这种插画形式

被称做 CG 插画。

现代插画的运用范围非常广泛，除了书籍外，还运用于各种商业活动，如平面广告、包装和影视媒体等。因此，广义地说：插画是将书籍、文章的内容或者企业产品等相关信息的内涵，以绘画、数字技术、摄影等形式加以表现，是具有相对独立意义的视觉造型元素。各种各样的插画如图 1-38 所示。

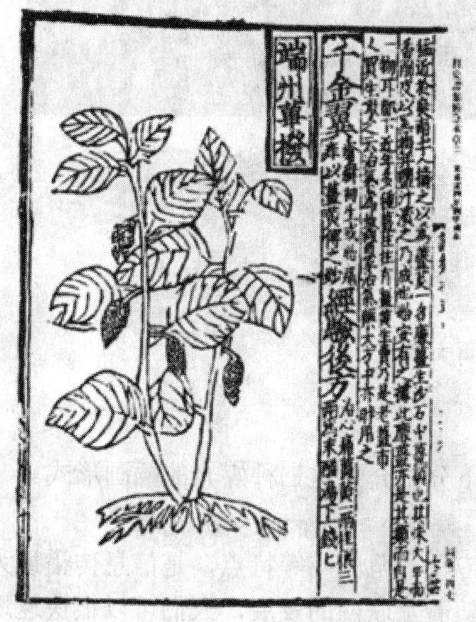

a）传统书籍插画

b）杂志插画

c）地产广告插画

d）地产广告插画

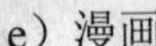

e）漫画

f）游戏插画

图 1-38　各种各样的插画

1.2.1　插画分类

现代插画大致可以分为出版物插画与商业插画两大类。

1. 出版物插画

出版物插画主要以报纸、杂志和书籍为主，以下分别介绍这三种媒介的插画形式。

1）报纸

报纸作为传统的大众媒介，具有灵活多变、反应快、范围广等特点，是信息传播最为快捷的渠道之一，读者可以对内容进行随意选择。随着互联网的发展，人们可以很快速地获得各种各样的新信息，这对报纸这种传统媒介来说无疑是一个挑战。但由于报纸自身所具有的社会性、广泛性等优势，仍然起着不可替代的作用。现在的报纸比起过去来说，无论是版面内容或是印刷质量，都有了很大的进步。彩色的插图也成为丰富报纸内容的形式之一，大大增强了报纸的可读性。插画的形式主要根据报纸的内容要求或版面风格来进行创作。报纸插画如图 1-39 所示。

图1-39　报纸插画

2）杂志

大多数杂志都具有周期性，这种周期性体现为周刊、月刊、双月刊、季刊等多种形式。杂志的分类和特点比报纸更为明确，例如：学术性杂志、时尚类杂志、娱乐性杂志、动漫杂志等。因此，杂志广告中的插画所表现出来的特点也是最为突出的。企业在投入杂志广告时会选择对于本行业有重要意义和相对知名度的杂志，以此向消费者表明自身产品的特殊性，增强信任度。杂志的印刷质量具有报纸无法比拟的优越性，也促使了插画风格的多样性，具有一定的资料价值。杂志插画如图 1-40 所示。

a）时尚杂志插画

b）杂志广告插画

图 1-40　杂志插画

3）书籍

相对于报纸与杂志而言，书籍的类别更为明确。根据书籍的不同类别，可将书籍的插画形式分为文艺性插画、科技及史地书籍插画两种。

文艺性插画将书中的人物、场景和情节以插画的形式表现出来，以增加读者阅读书籍的兴趣，提高可读性和可视性。这样不仅让读者加深了对原著的理解，同时又得到不同程度的美的享受。

科技及史地书籍插画则帮助读者进一步理解知识内容，达到文字表达难以起到的作用，其形象语言应力求准确、实际，并能说明问题。

一般来讲，书籍的插画设计需要根据书籍的内容、定位、风格来进行，力求更好地体现书籍的整体性、可读性与美观性。根据书籍类别的不同，一些书籍仍较多地使用照片、图片进行配图，而少儿读物与时尚类读物多为原创插画，这样能更好的体现书籍特征与艺术审美。部分书籍插画如图 1-41 所示。

a）连环画插图

b）儿童书籍插画

图 1-41　书籍插画

2. 商业插画

在日益激烈的商业竞争中，人们能看到插画出现在各种各样的商业活动中，如平面广告、包装和影视媒体等，这就是“商业插画”，它是信息传播与视觉传达设计中的一种特殊的表现形式。商业插画涉及的领域非常广泛，以下通过海报、路牌广告、看板、霓虹灯广告、包装、网络、影视广告等方面来介绍插画的运用。

1）海报

海报是传统的户外广告之一，它以图像和文字结合的方式来进行信息的视觉传达设计，表现手法多样，注重设计创意和形式的运用，强调视觉语言传达的准确性。虽然如今的户外广告媒体众多，但由于其对环境极强的适应能力，使得它仍然在商业宣传活动中充当着重要的角色。这种特殊的形式就要求插画必须具备一定的视觉冲击力，能在复杂的环境中显现出来，并将艺术观念与绘画风格通过海报传达给受众，与受众产生一种近距离的沟通。海报插画如图 1-42 所示。

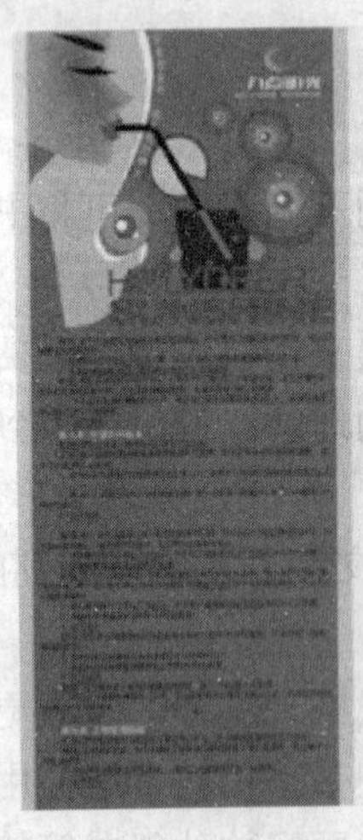
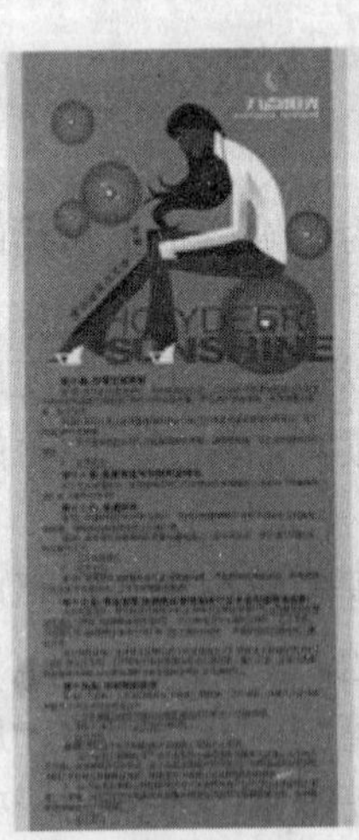

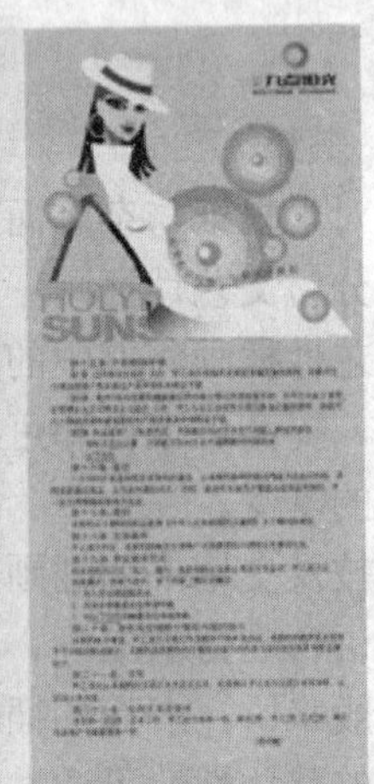

图 1-42　海报插画

2）路牌

路牌广告具有提示性的作用，通常以图像为主，根据客户不同的要求来进行创意设计与画面设计。画面主要体现新奇性和视觉冲击力，能让受众在瞬间被吸引并获得准确的信息。越来越先进的喷绘制作技术可以使画面更显精致与细腻，专业的照明技术还能使画面在夜间呈现出绚烂的效果。路牌广告插画如图 1-43 所示。

图 1-43 “虹桥星座”房产路牌广告插画

3）看板、霓虹灯广告

看板、霓虹灯广告是在光控技术条件的基础上所产生的广告形式，它使广告在夜间也能发挥巨大的作用，对环境也有美化作用。现代看板、霓虹灯广告的电子数控化、光色动感化和大型化的特征越来越显著，这就要求插画必须根据最终实际效果来进行设计。常见的霓虹灯广告是各种五彩的线条勾勒出产品的形象、文字或是吉祥物造型等。霓虹灯广告插画如图 1-44 所示。

a）多伦多地铁霓虹灯广告

b）拉斯维加斯霓虹灯广告

图 1-44 霓虹灯广告

4）包装

包装是使产品走向市场的一个重要环节，插图在包装设计上具有非常重要的意义。包装的插图可以增强消费者对产品的好感和信任度，精美的插图还能起到提升产品附加值的作用。在包装插画设计中需要注意两点：首先，要确保信息传达的准确性；其次，它需要与文字、色彩和商标等视觉元素相互联系，构成一个整体的形象向消费者传达产品信息。包装插画如图 1-45 所示。

图 1-45　包装插画

5）网络广告

网络广告是当今信息社会中人们依据计算机网络体系建立起来的一种广告形式，在先进的互联网和多媒体技术的支持下，根据客户的要求，将文本、静态插画、动画、声音及影像等元素为一体，视听效果更强。根据广告表现的不同，可以把网络广告分为文字广告、图片广告和动画广告三类，其中图片广告是以插画、图片作为主要表现形式，可根据需要设计出灵活多样的插画表现形式。网络广告插画如图 1-46 所示。

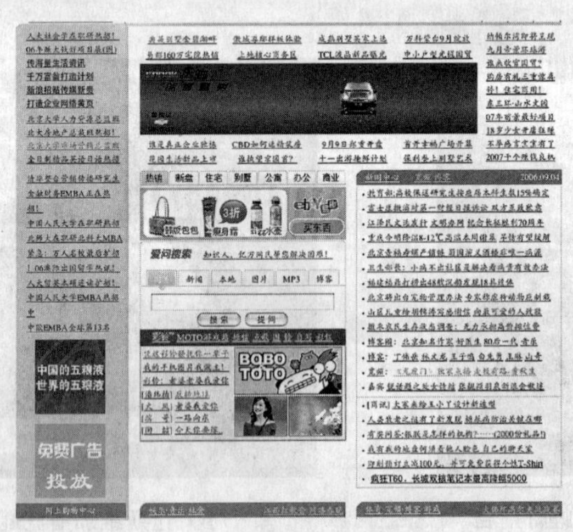

图 1-46　网络广告插画

6）影视广告

影视广告中的商业插图，是表现为影视广告当中的一些静态插图画面或动画创作以及广告分镜头脚本的绘制等。影视广告在创作初期，首先要绘制一个分镜头脚本，脚本设计是影视作品的创作草案，策划人员根据原始构想，把每一镜头的影像（即分镜头画面）和音响（音乐、台词）通过草图和文字描绘出来，讨论定稿后作为影视、广告拍摄制作的依据。影视广告插画如图 1-47 所示。

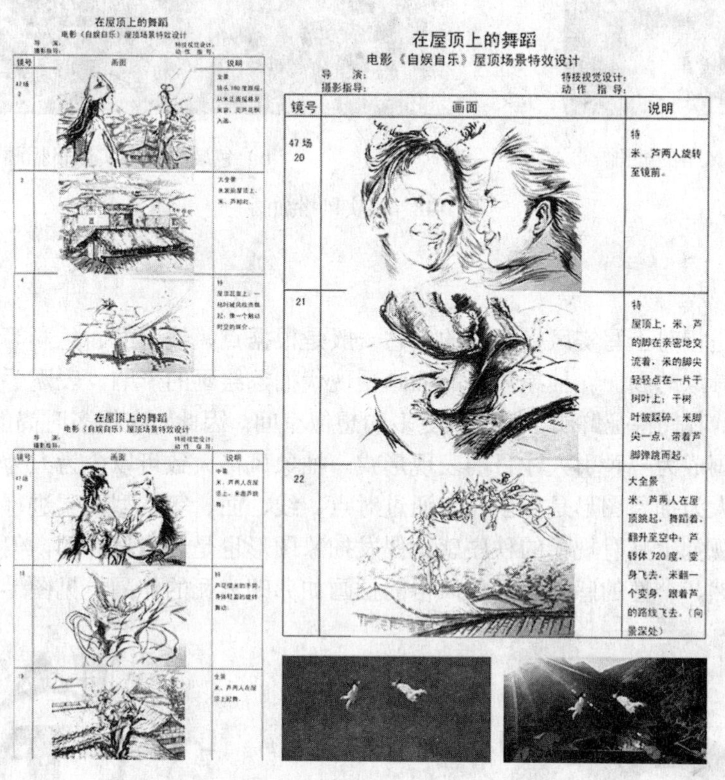

图 1-47　影视广告插画

1.2.2　插画风格

插画的表现风格可以分为：写实风格、抽象风格、装饰风格、卡通风格四类。以下分别对这四种不同风格进行简单的阐述。

1. 写实风格

写实风格的插画呈现给我们的是一个看似真实的画面，但它并不是一个与客观世界一模一样的画面，而是一个经过插图创作者精心构思和组织的画面。摄影技术在写实方面具有无可比拟的优越性，借助摄影技术的帮助，综合运用各种绘画中的写实表现手法的插画具有更加丰富的表现力和更加独特的艺术性。许多插画师在创作时运用铅笔、水彩、丙烯颜料、油画颜料等各种材料或者多种材料共同使用，会呈现出不同的质感和肌理效果，同时能够借此传达创作者的意念、情感以及个性。写实风格的插画如图 1-48 所示。

a）写实风格的插画

b）包装中的写实风格插画

图 1-48　写实风格插画

2. 抽象风格

抽象风格是相对于写实风格而言的，它一般是根据点、线、面、色彩等元素，通过自由组合构成非具象的画面。抽象风格的插画受现代抽象绘画的影响，表现手法不拘一格、形式丰富多样、时代特征鲜明，给人以更多的想像空间。因此，在很多时尚的商业广告中，抽象风格的插画成为一种引人注目的表现形式。抽象风格大致可以分为人为抽象图形和偶发抽象图形。人为抽象图形是指创作者通过对点、线、面、等造型元素进行精心的编排和设计，创造出视觉上具有规律的秩序感。偶发抽象图形也是人为设计的，但形象更具偶然性，给人更自然、个性的感受。抽象风格的插画如弗朗索瓦的作品，见图 1-49 所示。

a）弗朗索瓦作品之一

b）弗朗索瓦作品之二

图 1-49　弗朗索瓦作品

3. 装饰风格

装饰风格的插画强调画面的平面化、图案化、富有装饰性，通过对表现内容的归纳、简化和夸张，运用重复、对比、穿插等形式法则，创作出精美独特的插画作品。因其较强

的审美特征而被广泛运用于各种领域。装饰风格大致可分为传统装饰风格与创新的装饰风格。传统的装饰风格插画大多运用不同民族或民间的传统装饰纹样、吉祥图案等造型进行创作，体现强烈的民族文化气息。创新的装饰风格根据主题的需要，按照装饰造型规律，创造性地运用相应的素材进行插画创作，体现独特的时代特色，表现出强烈的主题和鲜明的个性。装饰风格的插画如图 1-50 所示。

图 1-50 装饰风格的插画

4. 卡通风格

卡通风格的插画极具个性，富有亲和力，能使要表现的主题更加生动、有趣，如今的卡通形象创作已不再只是针对少年儿童，越来越多的成年受众也对卡通特别青睐，其亲和力很容易打动观众，在人们心中建立良好的形象。卡通形象的创作要求在表现对象的基础上进行，运用夸张、变形等手法突出其性格特征。卡通风格的插画如图 1-51 所示。

图 1-51 卡通风格的插画

1.2.3 插画主题

插画的表现主题主要分为幽默性、讽刺性、象征性、幻想性、意象性、直叙性、寓言性、装饰性。以下分别对这几种表现主题进行简要介绍。

1. 幽默性

幽默性的插画可通过造型、色彩、构图等方面营造一种诙谐、幽默的画面气氛，能使人产生轻松愉悦的感觉，适合于幽默性读物或某些需要体现轻松诙谐的商业活动等，因此在出版物插画与商业插画中经常使用这种表现手法。幽默性插画如图 1-52 所示，画面通过拟人化的表现和夸张的动作体现其幽默性。

图 1-52 幽默性的插画

2. 讽刺性

讽刺性的插画大多针对某些事件或者人性弱点进行尖锐的暴露和批判。因此在表现上往往比较夸张、耐人寻味。一些讽刺性的插画也同样具有幽默的效果。如图 1-53 所示的是丁聪讽刺漫画《服务“攻势”》，通过生动的人物神态、动态来讽刺一些令人不悦的服务手段。

图 1-53 丁聪讽刺漫画《服务“攻势”》

3. 象征性

象征性的插画一般是根据两种不同事物的性质，找出它们之间的联系或是相似之处，通过比喻或象征的手法，使主题的表现巧妙、委婉，画面具趣味性。人们可以从一个画面展开联想，引发对主题的思考，如图 1-54 所示。画面通过图形的夸张变形和组合体现其象征的含义。

图 1-54　象征性的插画

4. 幻想性

幻想性的插画需要充分发挥创作者的想像力，从画面造型、构图、色彩等方面入手，创造出现实生活中没有的情景，产生一种神秘、奇幻的意境。幻想性插图可以表现科幻、伤感、梦境、恐怖等类的题材。通过幻想性的创造，使人感受到从未体验过的视觉经历。图 1-55 所示的画面通过将不同空间巧妙的组合而产生了奇妙的意境。

图 1-55　幻想性的插画

5. 意象性

意象性的插画主要体现某种深刻的主题思想。创作者在创作时，将主题加入个人化的主观处理，运用合适的表现技巧，使画面的形象具有了一定的意境。这类插画需要创作者具备一定的个人修养。图 1-56 所示的画面通过特殊的创意构思和艺术表现手法体现了某种意境。

图 1-56　意象性的插画

6. 直叙性

直叙性的插画同文学作品中平铺直叙的表现方法一样，通过直接的叙述性描绘来体现画面的表现主题。例如连环画、童话故事等大多使用这类表现手法。如图 1-57 所示，童话故事《卖火柴的小女孩》是通过直观描绘故事场景、事件等来表现的主题内容。

图 1-57　直叙性的插画

7. 寓言式

寓言式的插画一般都含有说教意味，通常是以叙事的方法进行描述。因此在儿童读物中普遍使用，便于理解。这类插图大多使用装饰性的手法，增加画面的趣味性和可读性。

图 1-58 所示的是通过寓言故事来表现画面主题和绘画风格。

图 1-58　寓言式的插画

8. 装饰性

装饰性的插画强调审美情趣，能够吸引人们的注意力，因此具有很大的实用性。一些报刊、时尚杂志、商业广告经常使用这类插图，如图 1-59 所示。画面通过极强的形式感来表现装饰风格。

图 1-59　装饰性的插画

1.3　传统插画与数字插画

在传统插画的基础上，数字绘画是随着计算机技术的发展而发展起来的，特别是数字多媒体技术的发展，为数字绘画的发展提供了条件。本节将比较系统和比较全面地对传统插画与数字插画的有关知识进行介绍，目的是使读者对插画有更深刻的认识。

1.3.1 传统插画

最早的“插图”一词源自拉丁文 Illustratio，有“举例说明、例证、图解、注释”的含义。欧洲的插图最初大量运用在宗教方面，起到了传播教义、解释经文、装饰经书的作用。插图艺术在中国也有着十分悠久的历史，“凡有书，必有图”的观念深入人心，中国古代很多书籍都是图文并茂的的著作。如宋代的《营造法式》，明代的《本草纲目》、《天工开物》等。中国古籍中的插画因为出现的形式不同，因此有着许多称谓方式，如“图鉴”、“图咏”、“图赞”等。在宋、元、明时期的小说，内文页面上出现了“上图下文”的形式，称为“出相”，如《新刻出相宫板大字西游记》。从明清以来的通俗小说中，每卷前面都会附有书中人物的形象，因为图像使用线条勾勒，刻画细致，因而被称为“绣像”，如《绣像三国演义》。在通俗书籍的每卷前面，也常常画出各个章回故事的情节或内容的图像，称为“全相”。如元代的《新刻全相演义三国志传》等。总的来说，传统的插画都是在于“解释、说明或叙述某些特定内容而画的图画”。传统插画如图 1-60 所示。

a）西方传统插画

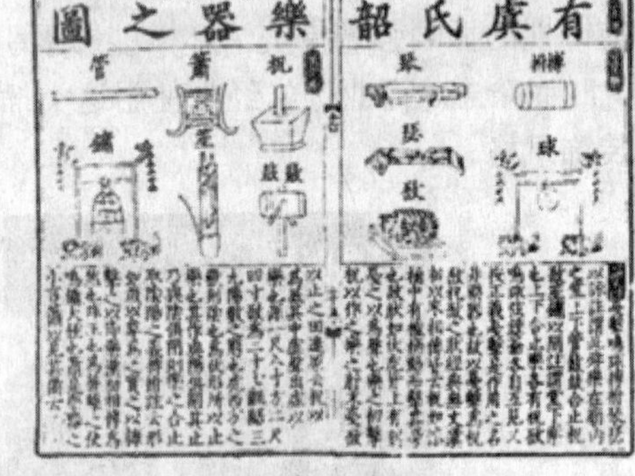

b）东方传统插画

图 1-60　传统插画

1.3.2 数字插画

1. 数字绘画的发展

20 世纪 60 年代是数字艺术萌芽阶段。当时计算机的显示器仅仅能够显示单色的字符，至多能让字符横向地运动。进入 20 世纪 70 年代，计算机技术发展到能够显现出有限的色彩的程度，使数字绘画得到了迅速的发展。目前，绘画艺术已与录像、计算机、网络、数字技术等最新科技成果结合起来，各种风格的数字绘画创作，潮水般地涌现出来，并深入到了现代艺术的各个领域中。数字插画如图 1-61 所示，其中图 1-61a 主要结合平面绘图软件来实现其绘画风格，绘画效果较强。图 1-61b 主要通过计算机三维技术来实现，画面更为逼真。

a）《宝莲灯》画面

b）《海底总动员》画面

图 1-61　数字插画

2. 数字艺术与数字绘画

由于数字艺术的表现形式非常丰富，录像及互动装置、虚拟现实、多媒体、游戏、电脑动画、DV、数字摄影、数字绘画和数字音乐等等都属于数字艺术。所以到目前为止，数字艺术还没有一个公认的和一致的定义。这里仅给出美国《连线》杂志对数字艺术的定义，即：数字艺术是一种不用计算机就做不出来也欣赏不了的艺术形式。

数字绘画属于数字艺术，是计算机技术特别是计算机图形技术发展的产物，其表现形式主要为计算机图形图像。数字绘画可以被理解为使用电脑参与美术作品的创作。无论是完全使用电脑制作，还是后期使用电脑加工处理，都可以称为数字绘画。

1.3.3　数字插画与传统插画的关系

数字插画与传统插画在许多方面是不同的，它们之间的区别主要表现在以下几方面。

1. 内容

传统插画经过长时间的发展演变，蕴涵着深刻的文化积淀、民族的心理情感、风俗习惯、审美观念及审美情趣，因此具有很大的内容表现空间。而数字插画是从单一的商业派

生出来的，缺乏艺术创作的根基，在表现的内容上有较大的局限性。

2. 表现手法

传统的创作技巧、笔墨造型和传统工艺的材料使传统插画具有非常丰富的表现形式和创作风格。而数字插画创作的根本基础是数字化图形处理技术，这种机械的技术手段容易导致表现语言的缺乏和表现形式的单一。

3. 效果

传统的创作技巧和绘画笔墨效果，使传统插画作品有着本身的材料感和制作时的手感，所以具有“独一无二”的收藏价值。而数字插画是通过计算机完成的作品，具有无限复制和网络传播的特性，因此只能达到仿真效果。

由此可见，数字插画不可能完全取代传统插画。在数字插画表现过程中，吸收不同文化和数字技术的运用是数字插画发展的根本。结合民族的优秀传统文化和艺术形式是不断充实数字插画艺术的魅力所在。数字艺术所追求和体现的，正是科学技术与传统艺术的统一。

第 2 章　插画技术

本章主要介绍绘制插画的常用技术手段，重点介绍常用的数字绘画软件 Adobe Photoshop，以使读者能基本掌握 Adobe Photoshop 的基本操作与使用。

2.1　概　述

绘制插画的手段和方法有很多种，采用不同的手段和方法创作出的插画，产生的视觉效果是完全不同的，所以插画有多种不同的风格。插画师通常都会选择适合自己的方法进行插画创作。

2.1.1　传统插画的绘制工具及手法

传统插画的手法与工具是密切相关的，传统插画所使用的工具主要包括：铅笔、蜡笔与油画棒、色粉笔、墨水笔、水彩、水粉、油画颜料、国画颜料、丙烯颜料、迈克笔等。

1. 铅笔

铅笔是绘画工具中最常见的一种工具，其具有价格低廉、使用方便等特点。铅笔所创作的插画单纯、朴素，许多优秀的作品都是运用铅笔创作的，很多使用其他工具和材料创作的插画作品也经常使用铅笔辅助和配合。铅笔包括黑色铅笔和彩色铅笔两种。

1）黑色铅笔

普通铅笔是黑色的，作画时可以根据需要画出具有深浅、粗细、轻重、直曲、软硬、虚实等多种变化的线条，使画面效果具有很强的表现力。由于铅笔画稿可以通过橡皮涂改，所以绘画者可以轻松地对画面进行修改和调整，具有很大的随意性。铅笔画稿很容易被抹掉，因此，在创作时要选择适合的纸张与笔芯。特别是为了利于绘画作品的留存，纸张一般不宜选择太光滑的纸面。图 2-1 所示的是文森特・凡・高的软铅笔作品《山上的磨房》。作品表现出了从浅到深的色调，体现出了明暗对比关系。

图 2-1　《山上的磨房》

2）彩色铅笔

彩色铅笔分为非水溶性铅笔和水溶性铅笔两种。彩色铅笔的笔芯材料大多由颜料、蜡和合成树脂混合而成，笔杆多为木制材料，彩色铅笔的颜色设置多种多样，有 12 色一套的，36 色一套的、还有多达 180 色一套的，绘画者可以根据自己的需要来进行选择。

彩色铅笔不仅具有和普通黑色铅笔一样的特性和表现力，还具备丰富的色彩表现力，因此得到了很多插画师的喜爱。另外，根据彩色铅笔笔芯材料溶于水的特点，可以运用毛笔蘸水来进行晕染，以产生铅笔淡彩的画面效果。图 2-2a 所示的是詹尼弗·巴特列特的彩色铅笔作品《在花园里#122》，作品体现出丰富的色彩效果。采用彩色铅笔与水彩配合使用的方法进行创作，可以产生淡彩效果，如图 2-2b 所示。

a）《在花园里#122》

b）铅笔淡彩的画面效果

图 2-2　彩色铅笔画

2. 蜡笔与油画棒

蜡笔的材料中含有颜料、蜡、石木蜡、硬化蜡等成分，油画棒的材料成分是在蜡笔材料成分的基础上加入一些油质类材料，其质地变得柔软。使用蜡笔或油画棒创作出来的画面富有很强的肌理感，并且笔触清晰、色彩浓郁、充满童趣。创作者可以利用蜡笔具有防水的特性进行创作。例如：在画面上先用蜡笔或油画棒进行描绘，再使用水彩或其他水性颜料进行绘制。由于蜡笔和油画棒绘制的部分不会被水性颜料所覆盖，所以画面会产生丰富的层次感和质感。另外，创作者在创作时可以使用刮刀等较硬的工具在用蜡笔与油画棒所绘的部分进行刻画，以使画面产生特殊的效果。图 2-3a 所示的是罗伯特·亨利的蜡笔作品《一个妇人的头像》，作品表现出了从灰色到黑色多个层次效果。图 2-3b 所示的是使用彩色蜡笔绘制的作品。

a）《一个妇人的头像》

b）蜡笔绘制的作品

图 2-3　蜡笔作品

3. 色粉笔

色粉笔的主要成分是颜料和阿拉伯胶，质感为粉末状，因此附着力较差，色彩饱和度不高，需要选择专门的色粉纸来进行创作。色粉笔的颗粒较细，使用它所绘制的画面一般比较柔和、纯朴和自然。

色粉纸的种类有很多种，有各种颜色和各种肌理的选择，这也是画家喜欢用色粉纸来进行插画创作的一个原因。例如许多印象派绘画大师的作品都是运用色粉笔材料完成的，他们在创作时所使用的绘画技巧以及画面表现方法是值得插画爱好者去学习和借鉴的。图 2-4a 中的迈克尔・马祖的作品《十一月的院落 3》以及图 2-4b 所示的威勒姆・德库宁的作品《两个女人的裸体躯干像》，使用的都是色粉笔。作品具有丰富的色彩表现力。

a）《十一月的院落 3》

b）《两个女人的裸体躯干像》

图 2-4　色粉笔作品

4. 墨水笔

1）蘸墨水的笔

蘸墨水的笔主要包括羽毛笔（以鹅毛笔为多）、芦苇笔和竹尾笔等。蘸墨水的笔笔杆坚挺而富有弹性，笔尖一般有很小的缝隙，用来渗透墨水。蘸墨水的笔可以绘制出变化多端的线条。例如：中国画家袁运生在云南写生时就曾采用竹笔，创作出许多非常优美、具有独特意境的作品，如图 2-5 所示。

图 2-5　袁运生作品

2）灌墨水的笔

灌墨水的种类很多，主要分为针管笔、弯尖钢笔等。由于墨水的附着力强、不易退色、画稿清晰、便于印刷，所以这类工具在插画创作中被广泛使用。

除了常用的墨水之外，还有一种名为“透明水色”的墨水，它是有机颜料类的水溶液，色彩纯度很高、明亮鲜艳，也具有很强的附着力，但缺点是在阳光下容易退色。图 2-6 所示的是余静赣的钢笔画作品，作品表现出的线条具有自然、亲近的美感。

图 2-6　余静赣钢笔画

5. 水彩

水彩中含有水和染料，一般使用毛笔进行绘制。水彩的使用技法一般分为两种：干画法和湿画法。其中，干画法是严格控制画面中水分的比例，用笔比较干涩，而湿画法则是充分使水色交融，使画面呈现出酣畅淋漓的视觉效果。

水彩颜料的特点是鲜艳、透明、纯净、可以多层罩染，运用毛笔的丰富变化，可以使画面的层次丰富细腻，具有很强的表现力。"水冲色"或"色冲水"是创作者根据水分和颜色相互作用的规律进行创作的两种技法。"水冲色"是指在第一遍颜色未干的时候，用适量的水冲淡第一层颜色的某些部分，使水渗透到颜色中去，来达到所需要的效果；"色冲水"是指在画面某些部分先刷上适量的水分，趁其未干时，再画上颜色，使颜色自然渗透，可以实现像水墨画一般的效果。这两种方法配合使用，可使画面的层次感更为丰富。水彩效果如图 2-7a 所示。

另外，水彩除了与毛笔配合使用外，还可以与其他很多种工具配合使用，例如：水彩与铅笔配合使用称为铅笔淡彩；与钢笔使用称为钢笔淡彩等，水彩与炭笔创造出的效果如图 2-7b 所示。

a）水彩效果

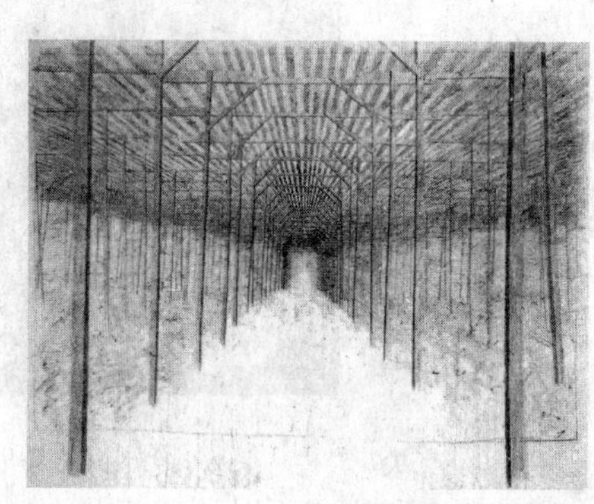

b）水彩与炭笔效果

图 2-7　水彩与炭笔作品

6. 水粉

水粉又称广告色，它的主要成分包括颜料、胶、防干剂、防腐剂等。水粉颜料一般使用排笔（毛笔类）进行调色和绘制。水粉的特点是色彩丰富，饱和度高，容易覆盖，便于修改。水粉的不足之处是容易变色和脱落。为了使画面实现预期的效果，创作者需要了解水粉颜料的特性，掌握水粉在不同湿度下的变色情况，用适当的手段加以控制。水粉效果如图 2-8 所示。

图 2-8　水粉效果

7. 油画颜料

油画是以亚麻仁油、罂粟油、核桃油等调和颜料，在亚麻布，纸板或木板上进行创作的一个画种，在作画时需要使用的稀释剂（挥发性的松节油和干性的亚麻仁油），画面所附着的颜料有较强的硬度，当画面干燥后，能长期保持光泽。使用油画颜料来制作商业插画，可以表现出丰富的画面效果，创造效果如图 2-9 所示。

图 2-9　油画效果

8. 国画颜料

国画颜料分为植物颜料和矿物质颜料两种，一般是使用毛笔在宣纸上绘画。毛笔有很多种类型，有的适合勾勒、有的适合晕染。宣纸主要有生宣、熟宣和各种半生半熟的宣纸。生宣适合用于国画中写意的绘画风格；熟宣适合工笔画；半生半熟的宣纸适合绢工带写，效果如图 2-10 所示。

图 2-10　国画效果

9. 迈克笔

迈克笔的种类较多，大致可以分为水性迈克笔和油性迈克笔两种。水性迈克笔的色彩透明，纯度较高，具有速干性，但覆盖力差。油性迈克笔的色彩纯度很高，具有速干性、防水性，有一定的覆盖力。迈克笔使用方便、能大量节省绘制者的时间，因此成为POP商业广告插画的专用工具，是现代插画创作者广泛喜爱的较富现代气息的一种绘制工具。迈克笔创造效果如图2-11a所示，迈克笔与彩色铅笔创造的效果如图2-11b所示。

迈克笔的笔头形状各种各样，主要为圆形、斧形、方形等等，这些不同形状的笔头有多种大小、软硬的选择。

a）迈克笔效果

b）迈克笔与铅笔效果

图2-11　迈克笔作品

10. 丙烯颜料

丙烯颜料是介于水彩和油画之间的一种绘画颜料，具有色彩鲜艳、饱和度高，干燥较快、溶于水等特性。丙烯颜色附着能力极强，既不像水粉那样容易变色，也不像水彩那样易被水冲淡。用丙烯颜料创作的作品效果如图2-12所示。

采用丙烯进行绘画创作时，可以选择多种画法，例如湿画法、干画法、厚画法和薄画法等。

图 2-12　丙烯效果

2.1.2　数字插画的绘制工具及手法

1. 数字插画创作软件

可以进行数字绘画创作的软件工具有很多种，例如图形制作、图像处理类的软件包括：Adobe Photoshop、Corel Painter、Adobe Illustrator、CorelDraw、Freehand、3DS Max、Poser、Maya 等都可以用来进行数字绘画创作。

其中，Adobe Photoshop 和 Corel Painter 是进行数字平面绘画创作的理想软件工具。Adobe Photoshop 是目前最普遍使用的专业图像处理和数字绘画软件，特别是 Photoshop 7 出现之后，全新的笔刷引擎和更加丰富合理的笔刷合成设置，使 Adobe Photoshop 的绘画功能更为强大。Corel Painter 是非常出色的仿自然绘画软件。Painter 提供了丰富的笔刷和材质，使数字绘画的形式和创意更为广阔。使用 Painter 可以轻而易举地创作出水彩画、素描、粉笔画、油画等效果。

本节将以 Photoshop CS 为软件工具介绍数字绘画的创作过程。

2. 数字绘画的硬件

数字绘画创作的基本硬件设备主要包括计算机、扫描仪、打印机、数位板等。

1）计算机

计算机的配置要适合软件的运行，下面介绍 Macintosh（简称 Mac）和 PC 的主要配置要求，如表 2-1 所示。

表 2-1 Mac 和 PC 的主要配置要求

	设备	Mac	PC
硬件环境	CPU	Macintosh: PowerPC 处理器、G3、G4 或 G5	Intel Pentium Ⅱ、Ⅲ或 4 的处理器
	内存	256M 或更高	256M 或更高
	硬盘空间	≥280MB	≥280MB
	显卡	配备 16 位或更高色彩的显卡	配备 16 位或更高色彩的显卡
	显示器	1,024×768 或更高的显示器解析度	1,024×768 或更高的显示器解析度
软件环境		Mac OS 系统软件 9.1、9.2 版或 Mac OS X 10.1 版	Microsoft Windows 2000 或 Windows XP 操作系统。

2）扫描仪

在数字绘画创作中，经常要使用扫描仪进行稿图或其他图片的输入。

3）打印机

在数字绘画创作完成后，需要使用输出设备将结果输出，常使用的设备就是打印效果较好、价格适中的喷墨打印机。

4）数位板

数位板俗称“压感笔”，是一种进行数字绘画创作的特殊工具，它可以根据使用者力度的微妙变化，在屏幕上画出或浓或淡的线条。数位板如图 2-13 所示。

图 2-13 数位板

2.2 Photoshop 的基本操作与使用

本节将着重介绍Photoshop的基本操作，并结合实例来介绍Photoshop常用工具的用途，使读者在掌握基本操作的同时，能熟练运用 Photoshop 进行图形图像处理的方法和技巧，为进行数字平面设计创作打下良好的基础。

2.2.1 Photoshop 界面

Photoshop 的操作界面与其他版本的 Photoshop 布局结构是一致的，Photoshop CS 界面主要包括：菜单栏、工具选项栏、工具箱、浮动面板、文件浏览器、图像窗口和状态栏等，如图 2-14 所示。

图 2-14　Photoshop 的操作界面

2.2.2 Photoshop 常用工具介绍

1. 菜单栏

1）文件菜单

文件（File）菜单中的命令是最基本的命令，该菜单下的命令主要用于图像文件的打开、新建、保存、置入、导入、导出、打印等相关的文件管理操作。

2）编辑菜单

编辑（Edit）菜单主要用于在处理图像时复制、粘贴、撤销、恢复、变形及定义图案等操作。

3）图像菜单

图像（Image）菜单中的命令用于设置有关图像的各项属性，如图像的颜色模式、颜色调整、图像尺寸等各项图像的设置。

4）选择菜单

选择（Select）菜单选项允许用户修改、取消选区、重新设置选区和反选，还可以将已经设置好的选区保存或调出保存在通道中的选区。

5）滤镜菜单

滤镜（Filter）功能 Photoshop 是最引人注目的功能之一，用户可以通过各种滤镜制作出绚烂夺目的特效和各种图案。如图 2-15 所示。

图 2-15　使用滤镜效果

6）视图菜单

视图（View）菜单可以方便用户对图形的路径、选区、网格、参考线、切片、注释等进行预览，这些操作的状态为图像处理起到辅助的作用。

7）窗口菜单

窗口（Window）菜单的选项可以将已经打开的图像窗口按需要的方式排列，例如：面板的显示与隐藏，各类资料库的调用，多个文件打开时互相之间的切换等。

8）帮助菜单

帮助（Help）菜单随时为用户提供帮助，便于更好地使用 Photoshop 软件。

2. 工具选项栏

工具选项栏（简称工具栏），在选中工具箱中的某个工具时，工具栏便可改变相应工具的属性设置选项，用户可以方便地利用它来设置工具和它的各种属性，工具栏外观会随着选取工具的不同而改变。选择“窗口”→“选项”命令，可显示或隐藏工具栏。

3. 工具箱

1）工具分类

工具箱中的工具依照工具功能与用途可分为：选取和编辑类工具、绘图类工具、修图类工具、路径类工具、文字类工具、填色类工具以及预览类工具。

2）工具组

鼠标单击工具箱中的工具图标即可使用工具，还会显示工具名称及快捷键提示，工具按钮下方如有一个直角三角形符号，则代表该工具还有弹出式的工具，按住该工具则会出现工具组，如图 2-16 所示。

3）控制工具

工具箱底部有三组控制工具，填色控制工具支持用户设置前景色和背景色；工作模式控制工具用来选择标准工作模式或快速蒙版工作模式进行图像编辑；画面显示模式控制工具支持用户决定窗口的显示模式；而最后一行的切换至 Image Ready 按钮，用来进行网页图像最佳化处理，如图 2-17 所示。

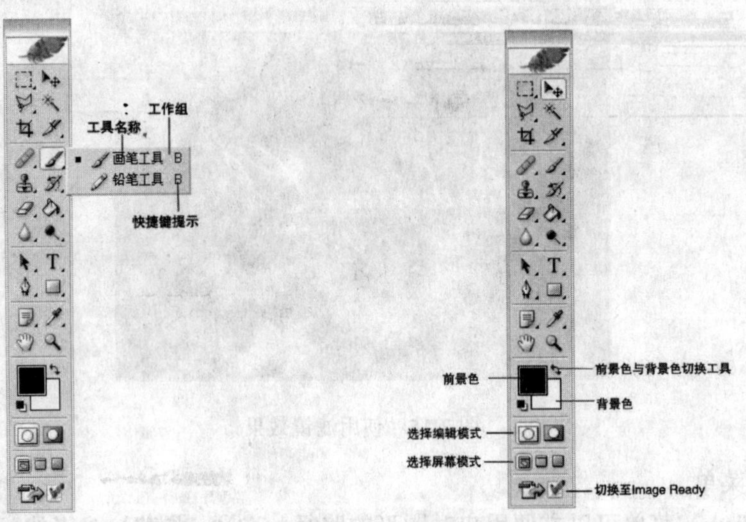

图 2-16　工具箱名称、快捷键及工作组　　图 2-17　其他工具示意

4. 浮动面板

浮动面板能够控制各种工具的参数设置，例如：颜色、图像编辑、移动图像、显示信息等，面板全部浮动在工作窗口中。用户可以根据需要决定显示或隐藏面板，也可以拖动面板的标题栏将其放在屏幕的任意位置，拖动浮动面板中的索引标签可分割与组合面板。

1）导航器面板

导航器（Navigator）面板可以快速预览图像，显示图像缩图，用来缩放显示比例，迅速移动图像。

选择“窗口”→“导航器”命令，打开“导航器”面板，如图 2-18 所示。

2）信息面板

信息（Info）面板用于显示鼠标所在位置的坐标值及当前位置的像素值，即 RGB 和 CMYK 的相关色彩系数信息。若用工具进行选取或旋转时，可在“信息”面板中查看选取物体的大小和旋转角度等信息。选择“窗口”→“信息”命令，打开“信息”面板，如图 2-19 所示。

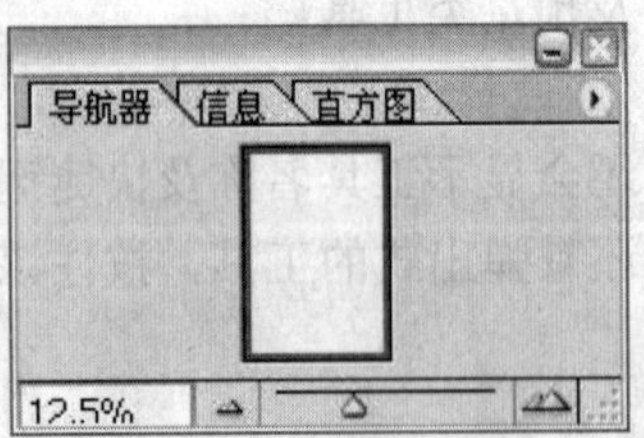

图 2-18　“导航器”面板

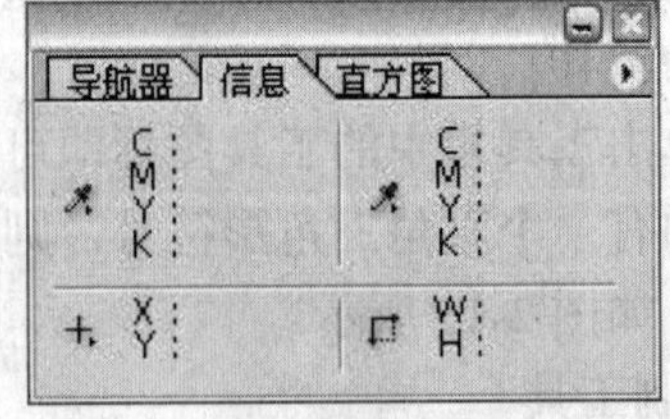

图 2-19　“信息”面板

3）直方图面板

直方图（Histogram）面板是提供查看与图像有关的色彩信息的选项，在默认情况下，直方图显示整个图像的色调范围，如果想显示图像某部分的直方图数据，采用选区工具设定范围。选择“窗口”→“直方图”命令，打开“直方图”面板，如图 2-20 所示。

4）颜色面板

颜色（Color）面板用来选择或设置所需的颜色，用于工具绘图和填充等操作。选择“窗口”→“颜色”命令，打开“颜色”面板如图 2-21 所示。

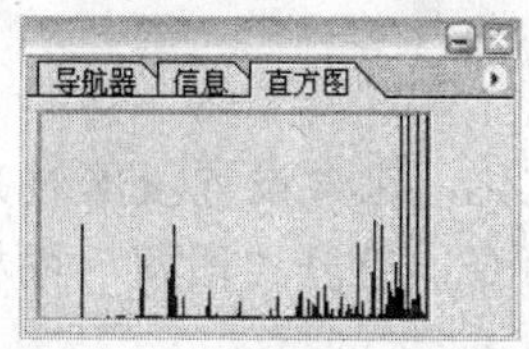

图 2-20　“直方图”面板

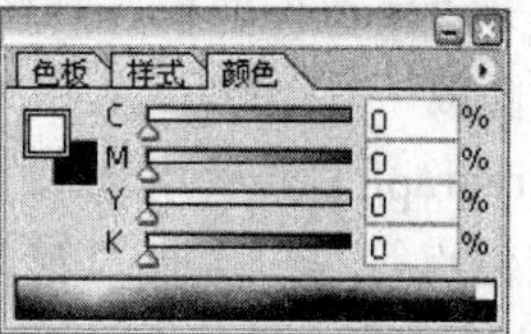

图 2-21　“颜色”面板

5）色板面板

色板（Swatches）面板可以快速地选取、设定前景色和背景色，还可将常用的颜色存储到色板中。选择“窗口”→“色板”命令，打开“色板”面板，如图 2-22 所示。

6）样式面板

样式（Style）面板可用来快速定义图形的各种属性，将预设效果应用到图像中，它的功能类似文字的样式，包含填色或图层的各式新增特效等，很适合设计网页元素。选择“窗口”→“样式”，打开“样式”面板，如图 2-23 所示。

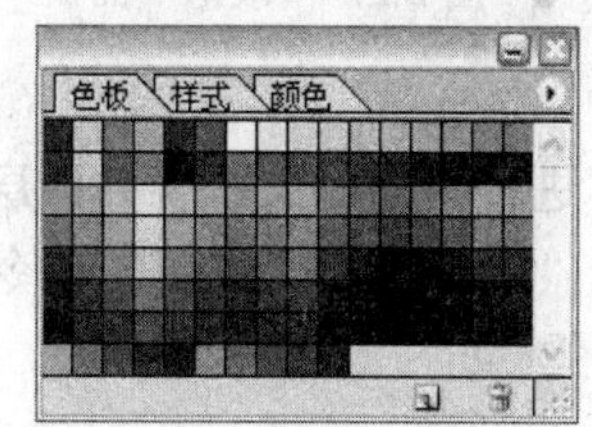

图 2-22　“色板”面板

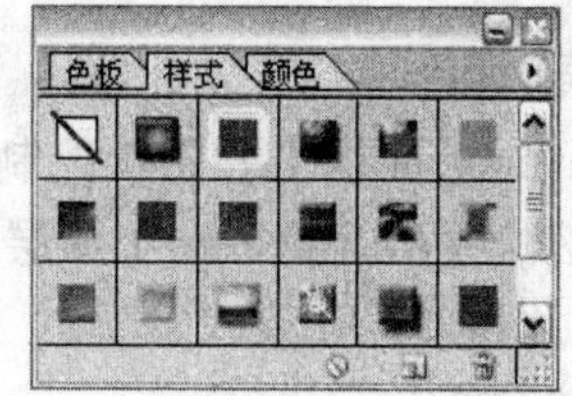

图 2-23　“样式”面板

7）历史记录面板

历史记录（History）面板会记录每一次执行的动作，可以通过点击面板中的动作选项使操作步骤返回。选择“窗口”→“历史记录”，打开“历史记录”面板，如图 2-24 所示。

8）动作面板

动作（Actions）面板用于录制一连串的编辑动作，节约重复步骤的操作时间。选择“窗口”→“动作”命令，打开“动作”面板，如图 2-25 所示。

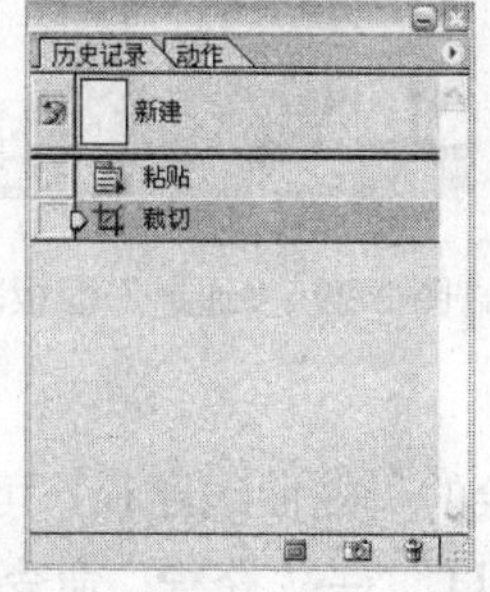

图 2-24　“历史记录”面板

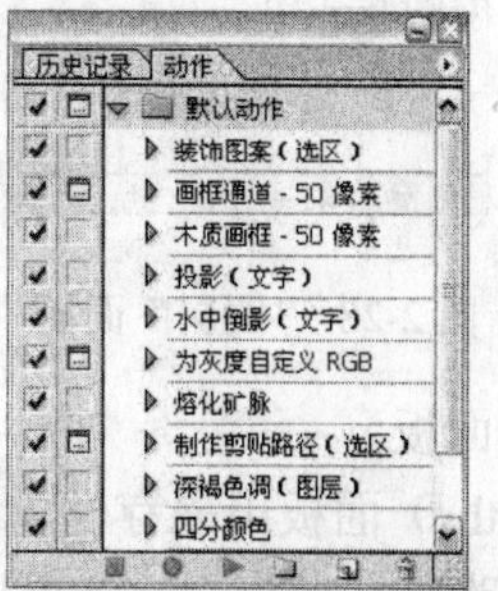

图 2-25　“动作”面板

9）字符面板

字符（Character）面板用于控制文字的字符格式，对文字加以格式化，其中包含设置字体、字符大小、字符间距、行距及字符基线微调等文字字符的格式。选择“窗口”→“字符”命令，打开“字符”面板，如图 2-26 所示。

10）段落面板

段落（Paragraph）面板用来对文字段落加以格式化，包含设置段落对齐、段落缩排、段落间距、定位点等等。选择“窗口”→“段落”命令，打开“段落”面板，如图 2-27 所示。

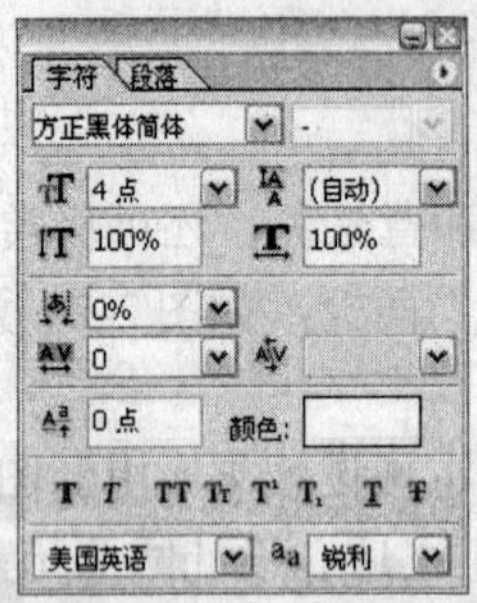

图 2-26 “字符”面板

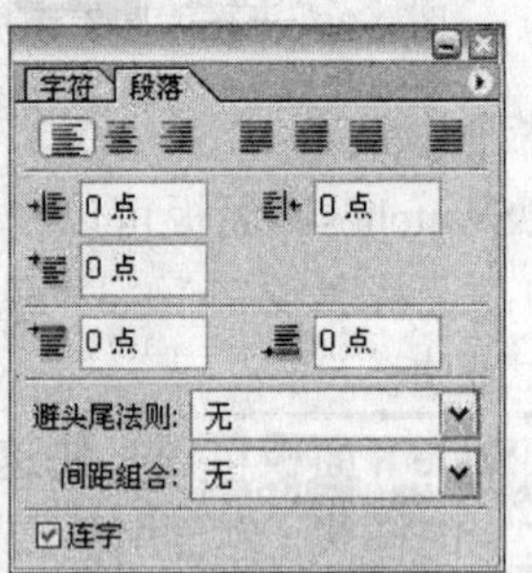

图 2-27 “段落”面板

11）图层面板

图层（layers）面板主要用于控制图层的操作，可进行新建图层或合并图层等操作，使用图层能轻松修改和编辑每一个图层上的图像。选择“窗口”→“图层”命令，打开“图层”面板，如图 2-28 所示。

12）通道面板

通道（Channels）面板用来记录图像的颜色数据和保存选区，可切换图像的颜色通道，进行各个通道的编辑，也可以将选区存储在通道中变成 Alpha 通道。选择“窗口”→“通道”命令，打开“通道”面板，如图 2-29 所示。

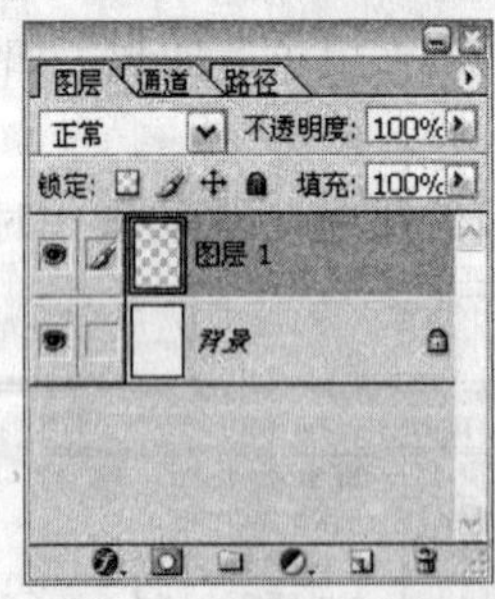

图 2-28 “图层”面板

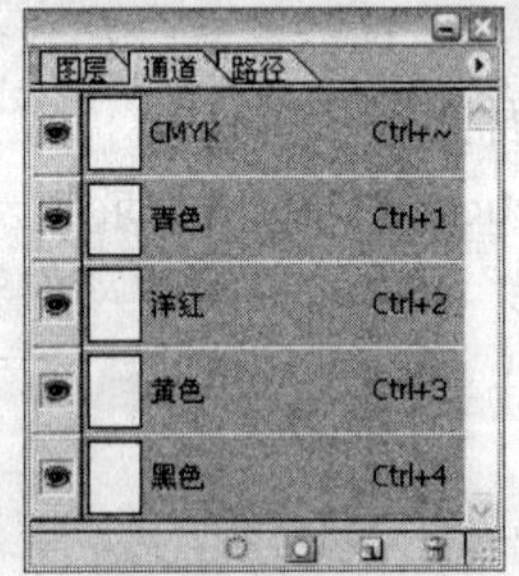

图 2-29 “通道”面板

13）路径面板

路径（Paths）面板用来存储向量路径类工具所描绘的贝兹曲线路径，可将路径应用在填色、描边或路径转变为选区等不同用途中。选择“窗口” →“路径”命令，打开“路径”面板，如图 2-30 所示。

14）图层复合面板

图层复合（Layer Comps）面板可以将图像中的图层组织为不同的组合，以便于观察这些组合的不同视觉效果。选择“窗口”→“图层复合”命令，打开“图层复合”面板，如图 2-31 所示。

图 2-30 “路径”面板

图 2-31 “图层复合”面板

5. 图像窗口

图像窗口是图像文件的显示区域，也是编辑和处理图像的区域。图像窗口上方的标题栏表示该文件名称、文件格式、显示比例、色彩模式和图层状态。若文件未被保存，标题栏则会以未标题 1 的连续数字作为文件名称。在图像窗口中，可以实现所有的编辑功能，也可以对图像进行多种操作，比如改变窗口大小及位置、窗口缩放、最大化窗口、最小化窗口等等，图像的各种编辑都是在此区域进行的。图像窗口如图 2-32 所示。

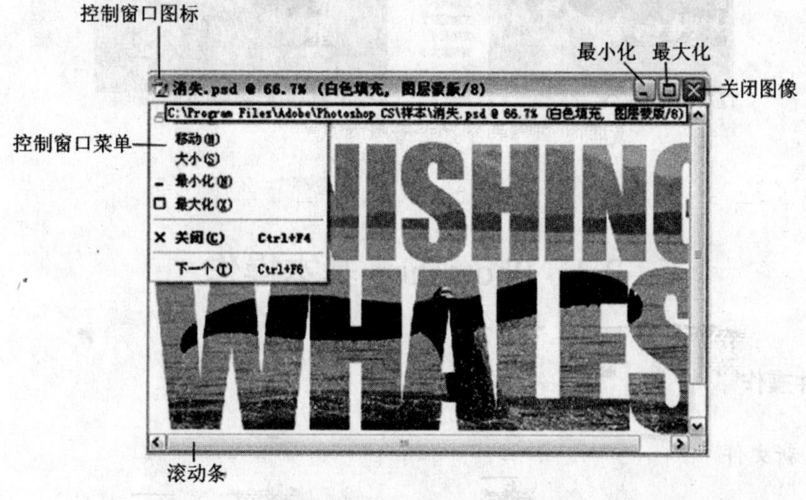

图 2-32 图像窗口

6. 文件浏览器

文件浏览器用于浏览、管理和打开图像文件，可以直接点击工具选项栏中的“切换文件浏览器”或选择“文件”→“浏览”命令打开文件浏览器。如图 2-33 所示。

图 2-33 文件浏览器

7. 状态栏

状态栏位于窗口的下方，用于显示图像文件信息，左边为画面比例显示栏，可以在栏中输入数值，控制图像窗口的显示大小。单击状态栏右侧的三角形按钮，弹出菜单，显示出文档大小、文档配置文件、文档尺寸、暂存磁盘大小、效率、计时、当前工具等七种操作选项，如图 2-34 所示。

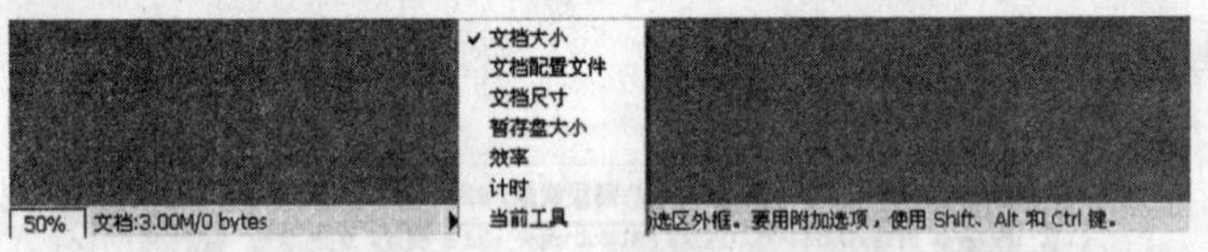

图 2-34 状态栏

2.3 Photoshop 基本操作

2.3.1 文件操作

1. 建立新文件

（1）选择“文件”→“新建”命令，弹出“新建”对话框。

（2）在对话框中对新建文件进行相关设置，如文件名、文件大小、分辨率、颜色模式以及背景色。

（3）单击【好】按钮，如图 2-35 所示。

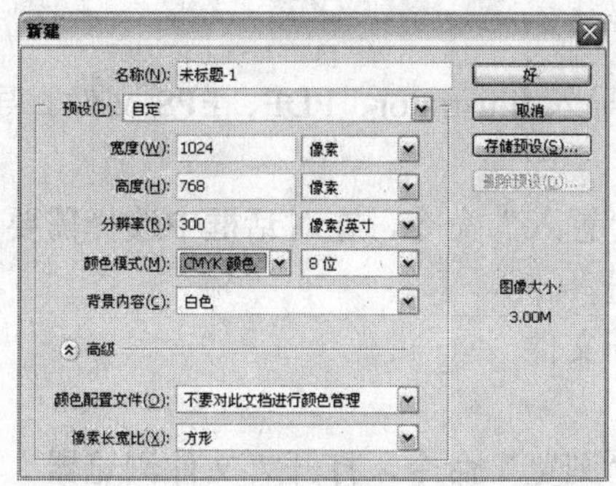

图 2-35　建立新文件

2. 打开文件

在 Photoshop 中，可以通过“打开”对话框、“打开为”对话框、“导入”子菜单或文件浏览器分别打开或导入各种文件格式的图像文件，还可以将 Illustrator、PDF、EPS 文件直接导入，但是矢量图像会被转化成位图图像。

1）“打开”命令

（1）选择“文件”→“打开”命令，弹出的“打开”对话框。

（2）在文件列表中选择要打开的文件。

（3）单击【打开】按钮，如图 2-36 所示。

图 2-36　打开文件

2）“打开为”命令

“打开为”命令可以指定图像文件以何种格式打开，打开过程如下。

（1）选择“文件”→“打开为”命令，弹出“打开为”对话框。

（2）在文件列表中选择要打开的文件。

（3）点击“打开为”列表框，从列表中选取所需要的格式。

（4）单击【打开】按钮，图像变为指定格式。

3）导入文件

可以使用置入命令直接导入 Illustrator、PDF、EPS 文件。导入过程如下。

（1）新建一个文件。

（2）选择“文件”→“置入”命令，在对话框中选择需要导入的文件。

（3）单击【置入】按钮。

4）使用文件浏览器打开文件

打开过程如下。

（1）选择“文件”→“浏览”命令，打开“文件浏览器”窗口。

（2）双击需要打开的文件，或者从文件浏览器窗口中选择“文件”→“打开”命令，选择需要打开的文件。

3. 保存文件

保存图像文件可以使用“储存”、“储存为”和“储存为 Web 所用格式”三种命令。

1）“储存”命令

（1）选择“文件”→“存储”命令。

（2）如果是新文件，在弹出的“存储”对话框中，设置要存储图像的文件名和文件格式，文件名称可以是中文、英文或数字，但不能输入一些特殊符号，如“*”、“,”、“？”等。

（3）单击【保存】按钮，保存图像文件。

（4）如果是原有文件，会自动进行存储。

2）“存储为”命令

（1）选择“文件”→“存储为”命令。

（2）在弹出的“存储为”对话框中，设置要存储图像的文件名和文件格式。

（3）单击【保存】按钮，会打开一个该格式保存选项对话框，可对选项进行设置，一般可取默认值，如图 2-37 所示。

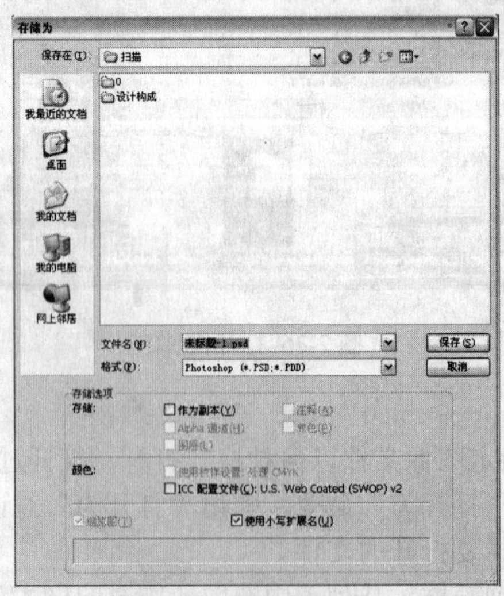

图 2-37　“存储为”对话框

3）存储为 Web 所用格式

使用“存储为 Web 所用格式”，可选择优化选项并预览经过优化的图片。选择“文件”→“存储为 Web 所用格式”命令，打开“存储为 Web 所用格式”对话框，在对话框中设置选项，如图 2-38 所示。

图 2-38 “存储为 Web 所用格式”对话框

2.3.2 选择区域的建立与修改

在 Photoshop 中，对图像进行操作前必须要对图像的部分或全部区域进行选取，被选择的区域称为选区。掌握选区操作是编辑和修改图像的基础。

1. 建立选区

为了灵活而准确的选取图像区域，Photoshop 提供了多种选取工具，以满足用户的需要。选取工具包括“选框工具”、“套索工具”、“魔棒工具”和“钢笔工具”。

1）使用选框工具选取图像

使用选框工具可以选取规则区域，如矩形、椭圆和只有一个像素的行和列。把鼠标移到工具箱的选框工具按钮，按下鼠标片刻，打开选框工具菜单，如图 2-39 所示。

2）使用套索工具选取图象

套索工具主要用于选取不规则的图像区域，把鼠标移到工具箱的套索工具按钮，按下鼠标片刻，打开工具箱的套索工具菜单，如图 2-40 所示。

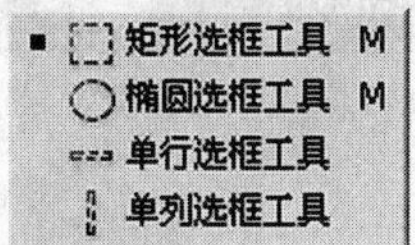

图 2-39 选框工具

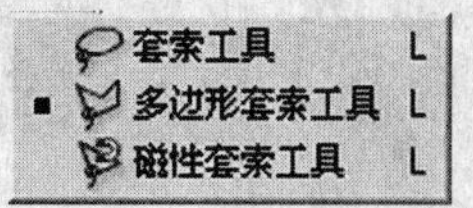

图 2-40 套索工具

3）使用魔棒工具选取图像

魔棒工具也是用于选取不规则区域的，它与套索工具的不同之处在于，它可以自动辨

别相同的色彩，在魔棒选项栏中调整数值会得到不同的选区效果，如图 2-41 所示。

a）魔棒工具选项栏

b）魔棒工具选取效果

图 2-41 魔棒工具选项栏及选取效果

4）使用钢笔工具选取图像

使用钢笔工具直接描摹对象，描摹完成时，钢笔工具应回到起始点，并在钢笔工具下方出现圆圈符号，如图 2-42a 所示；点击起始点使之成为闭合路径，单击路径面板下方的“将路径作为选区载入（Load path as a selection）”按钮，选取的路径变为选区，如图 2-42b 所示。

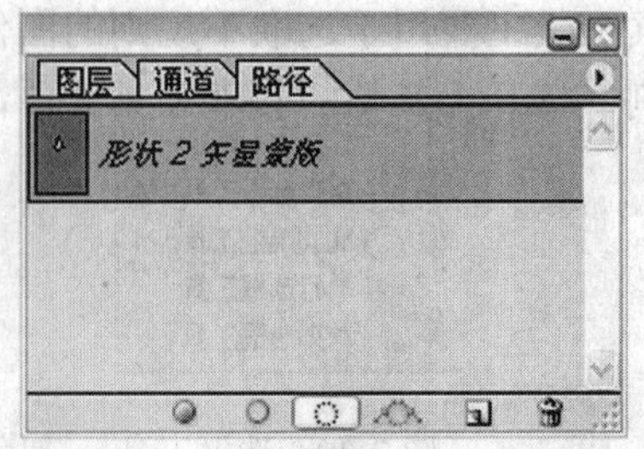

a）钢笔工具选取效果　　b）路径面板

图 2-42 钢笔工具选取效果和路径面板

2. 编辑修改选区

使用选区工具建立选区后，常常需要对选区进行适当的调整与修改，可以使用多种选区工具和“选择”菜单中的命令来修改选区。

1）移动、隐藏或反向选区

（1）移动选区

建立选区后，将鼠标移到选区边框内，按住并拖动鼠标，可以把选区移至所需位置。

（2）隐藏选区边框

选择菜单中的“视图（View）”→“显示（Show）”→“选区边缘（Selection Edges）”命令，可以使选区边框显示或隐藏。

（3）反选选区

选择菜单中的“选择”→“反选（Inverse）”，可以选中没有被选中的图像区域，这时，原选区被取消，反选选区前后对比如图2-43所示。

原选区

反选后的选区

图2-43 反选前后对比

2）调整与修饰选区

以原来的选区形状为基础，进行扩大、收缩、变形、平滑和改变选区边框特性。

（1）扩展或收缩选区

- 选择菜单中的“选择”→“修改（Modify）”→“扩展（Expand）”命令，打开“扩展选区”对话框。
- 在“扩展量”文本框中调整数值，数值范围为1～100。
- 单击【好】按钮，选择区域扩大。

（2）扩边

- 选择菜单中的“选择”→“修改”→“扩边（Border）”命令，打开“边界选区”对话框。
- 在“宽度”文本框中调整数值。
- 单击【好】按钮，新选区将框住原来选中的区域。

（3）收缩

- 选择菜单中的“选择”→“修改” →“收缩（Contract）”命令，打开“收缩选区”对话框。

- 在收缩文本框中调整数值。
- 单击【好】按钮。

（4）扩大选取与选取相似

- 选择菜单中的“选择”→“扩大选取（Grow）”命令，所有位于魔棒选项中指定的容差范围内的相邻像素将被选取到选区内。
- 选择菜单中的“选择”→“扩大相似（Similar）”命令，整个图像中位于容差范围内的像素都将被选取，而不仅仅是相邻的像素。

（5）变换选区

选择菜单中的“选择”→“变换选区（Transform Selection）”命令可以对建立的选区进行缩放、旋转、改变形状等。

（6）平滑

选择菜单中的“选择”→“修改”→“平滑（Smooth）”命令，可以消除选区内外留下的零散像素，使选区更为平滑。

（7）羽化

使用羽化能使选区边界虚化，边缘过渡更为自然，还可产生昏晕效果。羽化的操作可以通过以下两种方式进行。

- 先在选项栏的“羽化”文本框中输入数值，再建立选区。
- 建立选区之后，选择菜单中的“选择”→“羽化（Feather）”命令，打开羽化对话框，输入数值，单击【好】按钮。

3）范围命令创建与调整选区

使用色彩范围命令创建与调整选区的方法有：选取建立选区的颜色、设置选取范围的容差参数和选择预览模式三种。

（1）选取建立选区的颜色

- 选择“选择”→“色彩范围（Color Range）”。
- 点击“选择”下拉列表框，从下拉列表中选取某一种颜色，或者选择“取样选择”工具，选取图像或预览中所需要的颜色，如图 2-44 所示。
- 单击【好】按钮。选取效果如图 2-45 所示。

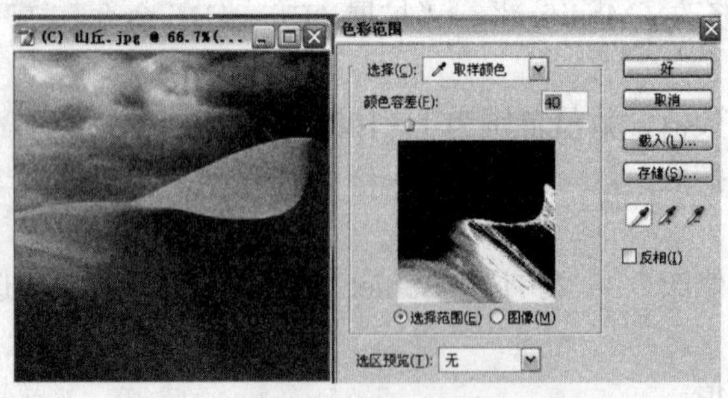

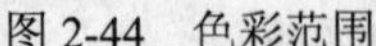
图 2-44　色彩范围

图 2-45　选取效果

（2）设置选取范围的容差参数

在“色彩范围”对话框的“颜色容差”文本框中输入数值，也可以拖动“颜色容差”滑块来选择选区范围，减小容差将缩小选择范围，反之就越大，如图 2-46 所示。

（3）选择预览范围

在预览框下方有两个单选按钮，用于决定预览范围，如果点击“选择范围”，将只预览选区中的图像内容；如果点击“图像”，则可以预览全图，如图 2-47 所示。

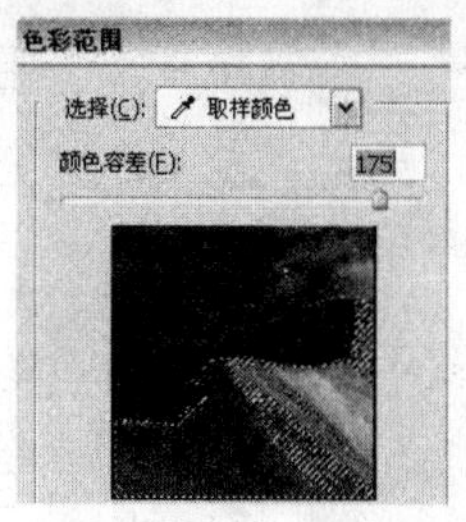

图 2-46　颜色容差

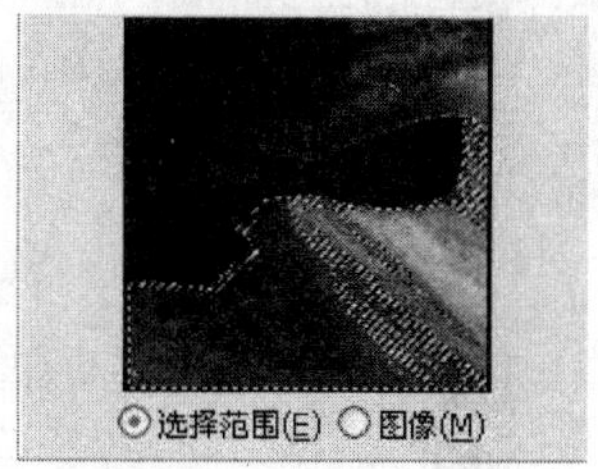

图 2-47　选择预览范围

（4）选择预览模式

点击“选区预览”的下拉按钮，在打开的列表中有如下选项，如图 2-48 所示。

- “无”：不在窗口中显示任何预览。
- “灰度”：按选区在灰度通道中的外观显示选区。
- “黑色杂边”：在黑色背景上用彩色显示选区。
- “白色杂边”：在白色背景上用彩色显示选区。
- “快速蒙版”：使用当前的快速蒙版设置显示选区。

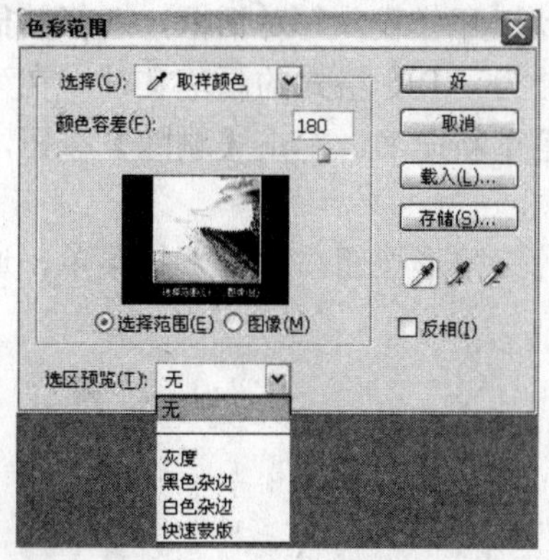

图 2-48　选择预览模式

说明：单击对话框中的【存储】按钮，将保存当前设置。单击话框中的【载入】(Load)按钮，将重新使用以前保存的设置。

2.3.3　绘图工具的基本操作与使用

绘图工具包括画笔和历史画笔。可以通过画笔和历史画笔工具绘制出变化多样的笔触效果。

1. 画笔工具

使用鼠标在工具箱中的画笔工具上按下片刻，将打开画笔工具选择菜单，从中选择画

笔或铅笔工具，如图 2-49 所示。工具选项栏将出现变化，如图 2-50 所示。

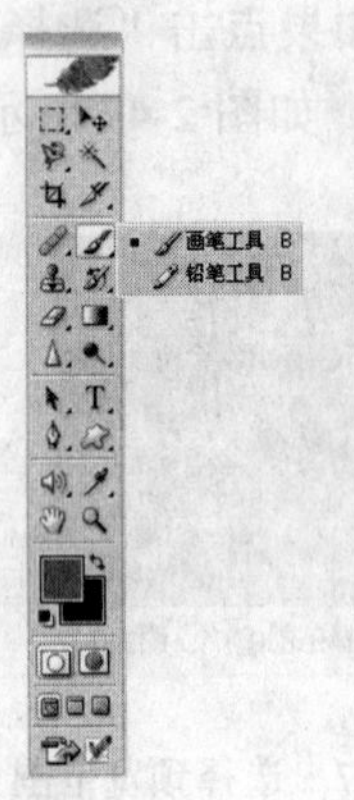

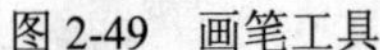

图 2-49 画笔工具　　　　图 2-50 画笔工具选项栏

1）设置画笔

选取画笔后，可以通过工具选项栏对画笔进行预设。用鼠标单击工具选项栏的“画笔”下拉按钮，打开画笔面板，在画笔面板的列表框中有许多画笔模型，可以从中选取一种模型。用鼠标拖动“主直径”的滑杆，或者直接在文本框中输入像素数值，可以改变画笔的大小。

选择“预设管理器”命令，打开“预设管理器”对话框，如图 2-51 所示。

单击【载入】按钮，可以打开“载入”对话框，选择其他画笔组。单击【存储设置】按钮，可以将当前画笔组存储为 ABR 格式的画笔文件。在列表框中选择某一画笔，单击【重命名】按钮，可以为画笔重新命名。单击【删除】按钮，可以将所选的画笔从列表中删除。

用鼠标单击面板右上角的三角形按钮，打开下拉菜单，通过下拉菜单可以对画笔进行设置。如图 2-52 所示。

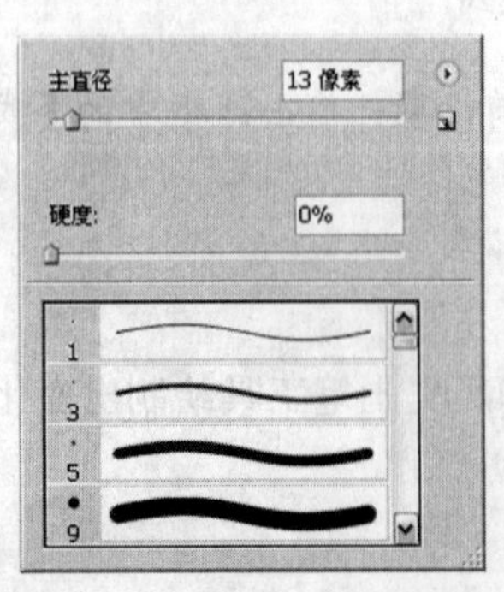

图 2-51 “预设管理器”对话框

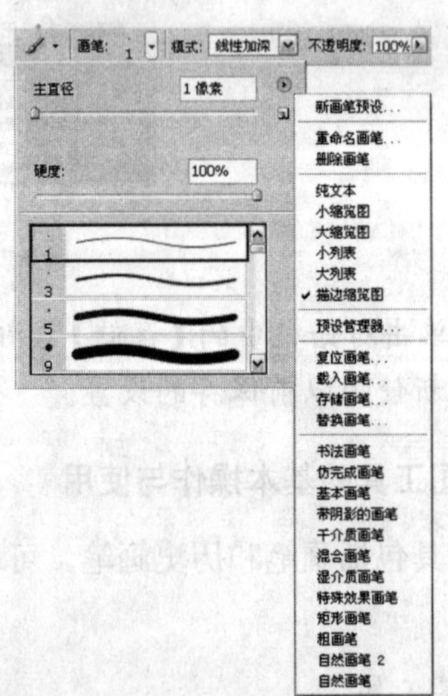

图 2-52 画笔属性菜单

在下拉菜单中可以设置画笔列表的显示方式。第一次打开画笔面板，画笔列表的默认显示方式为“描边缩览图”方式，如图 2-53 所示。当选择其他画笔组后将打开消息框，如图 2-54 所示。提示是否替换当前画笔组，单击【好】按钮将替换当前画笔组，单击【取消】按钮，将取消选择其他画笔组的操作。单击【追加】按钮，所选的画笔组将被追加到当前画笔组之后。选择“复位画笔”命令，可以还原为 Photoshop 的默认画笔组。部分画笔组如图 2-55 所示。

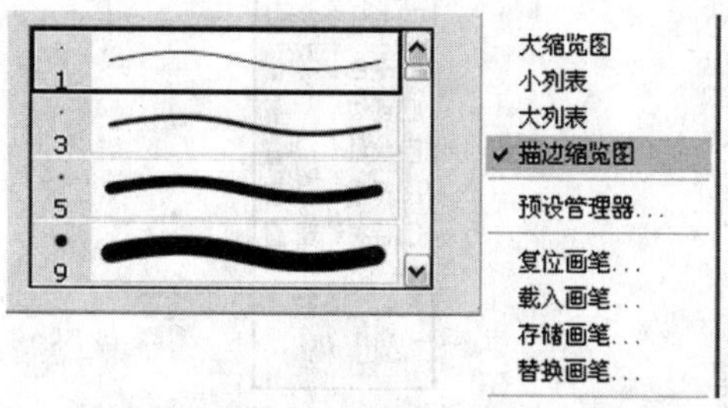

图 2-53　画笔面板

图 2-54　替换画笔对话框

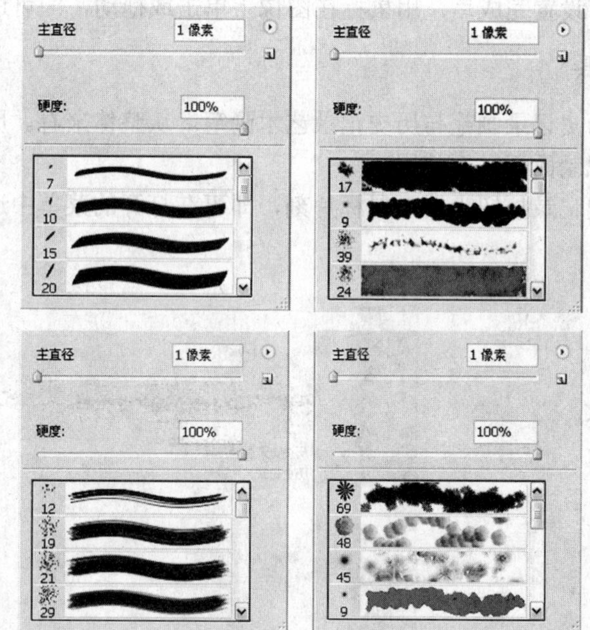

图 2-55　部分画笔组

2）修改画笔

在画笔面板或预设管理器中，只能对 Photoshop 预设的画笔进行选取，如果 Photoshop 预设的画笔不能满足需要，就可以对所选的画笔进行编辑修改。

在工具箱选择画笔后，用鼠标单击工具选项栏右侧的“画笔预设”，打开画笔预设面板，如图 2-56 所示。画笔预设面板与画笔预设管理器的功能类似。在画笔列表中选择画笔，通过滑杆或文本框设置画笔大小，在面板下部的预览框中观察画笔设置的效果。

用鼠标单击“画笔笔尖形状”，在该面板中可以对画笔更多的属性进行设置。面板如

图 2-57 所示。

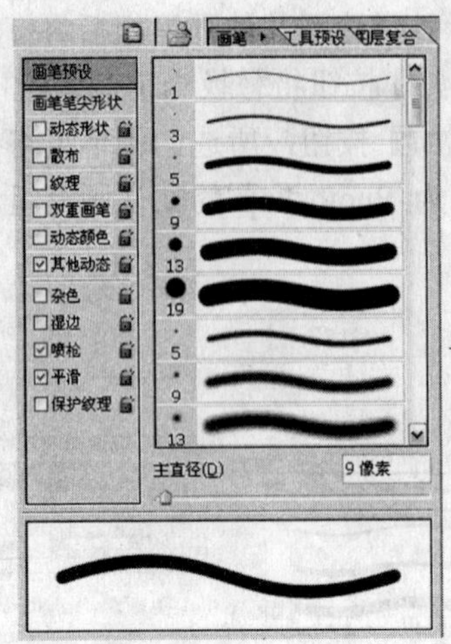

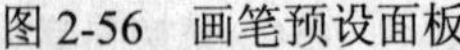

图 2-56　画笔预设面板　　　　图 2-57　画笔属性面板

当对画笔的所有设置完成后，用鼠标在图像上单击或拖动，即可进行绘画操作。

2. 历史画笔工具

历史画笔包括历史记录画笔与历史记录艺术画笔。从整体来看。历史画笔属于复原工具，且必须与历史记录面板结合使用。

在工具箱的历史记录按钮上按下鼠标片刻，即可在打开的菜单中选择历史画笔，如图 2-58 所示。

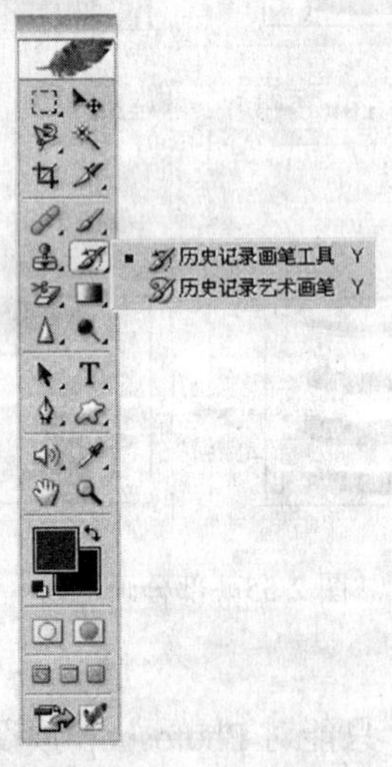

图 2-58　历史画笔工具

1）历史记录画笔

在编辑图像的过程中，可以将编辑进行到某一步时图像的状态保存下来，而历史记录画笔的作用就是将这一状态重新体现。

选取历史记录画笔后，用鼠标在图像上拖动，鼠标经过的区域将重现图像当时的状态。

选取历史记录画笔，在工具选项栏设置完成后，在历史记录面板某一记录左侧的方框中用鼠标单击，将出现历史记录画笔图标，如图 2-59 所示。用鼠标在图像上拖动，即可将图像恢复到该历史状态。

2）历史记录艺术画笔

历史记录艺术画笔与历史记录画笔的功能相似，只是比历史记录画笔多了风格化处理，从而可以产生特殊的效果。历史记录艺术画笔的工具选项栏如图 2-60 所示。

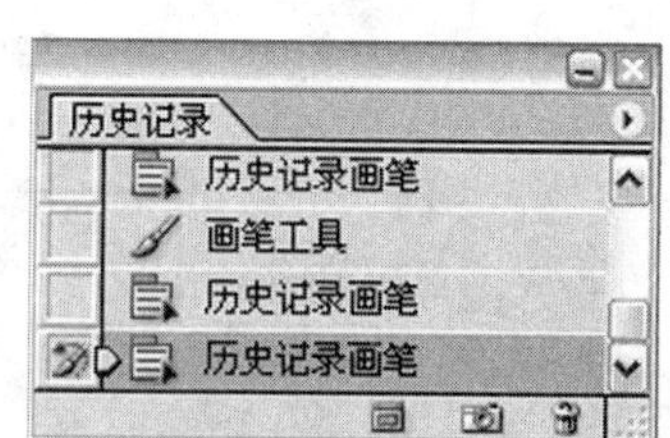

图 2-59　历史状态

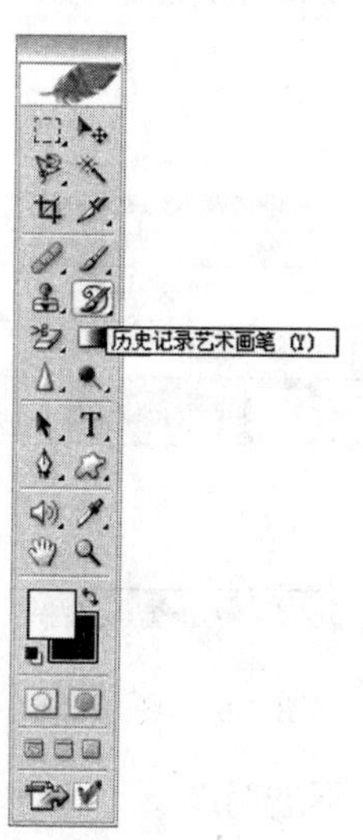

图 2-60　历史记录艺术画笔的工具选项栏

2.3.4　图层、通道及蒙版的基本操作与使用

图像的处理和绘制都需要了解和掌握图层、通道及蒙版的概念和操作方法。

1. 图层

在创作和处理图像时，可以将图像的各部分分别单独处理，互不干扰，为图像的创作与处理创造了便利条件。

图层的操作方法有菜单和图层控制面板两种方式，其中图层控制面板因其直观、方便快捷而成为使用者常用的方式。

选择菜单中“窗口”→“图层”命令，可打开图层面板，如图 2-61 所示。

1）图层显示

在图层面板主体的中央区域，显示图像的各个图层。在显示的每一个图层的左边有两个方框，分别对图层的显示状态与操作状态进行控制。其中显示为眼睛的方框控制图层的显示或者隐藏，用鼠标单击方框，如果方框中出现眼睛图标，则此图层的图像将出现在图像窗口中，反之，图像消失。

显示为画笔图标的方框表示：默认状态下，只有一个图层处于可操作状态，即被选中的当前图层。当出现画笔图标时，表示在该图层中操作。

2）图层设置区

在图层显示区上方可以对图层若干的属性进行设置。

（1）图层模式

点击图层面板右上角的下拉按钮，弹出一个下拉菜单，该列表用于显示被选中的图层的模式或对被选中的图层的模式进行设置。菜单如图 2-62 所示。

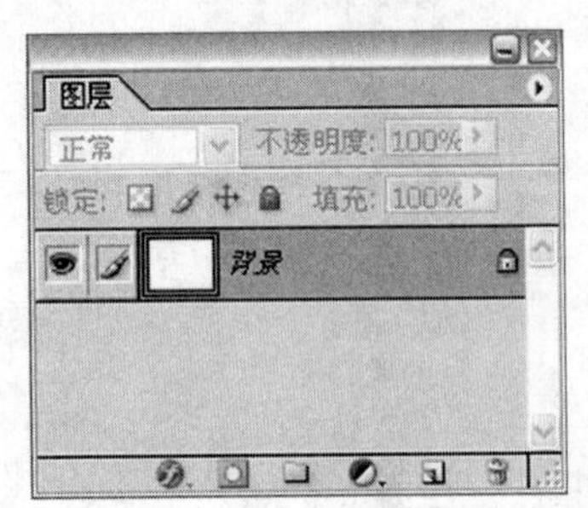

图 2-61 图层面板

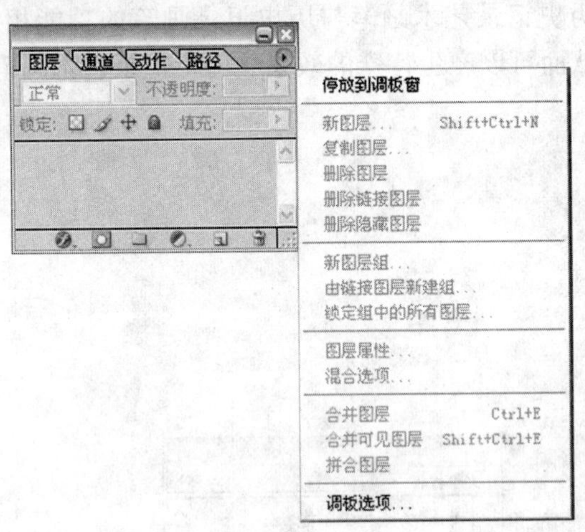

图 2-62 图层模式

（2）不透明度

“不透明度”文本框用于设置被选的图层中图像的不透明度。可以在文本框中输入一个 0～100 的值，100%表示为完全不透明，0%表示完全透明，也可以单击文本框右边的按钮，在弹出的滑杆中拖动滑块进行设置，如图 2-63 所示。

（3）锁定

在图层面板中有 4 个按钮分别对应 4 种方式的锁定。

锁定透明像素。单击该按钮，将锁定图层中所有的透明像素。

锁定图像像素。单击该按钮，则图像中的所有像素都不可更改。

锁定位置。单击该按钮，则该图层将无法使用移动工具在图像窗口中移动。

完全锁定。单击该按钮，则不能对该图层或图层组进行任何操作。

图层锁定后，被锁定的图层上将出现锁的标记，锁定按钮如图 2-64 所示。

图 2-63 图层不透明度

图 2-64 图层锁定

3）图层操作

图层面板的下方有 6 个图层操作按钮。按钮如图 2-65 所示。

图 2-65　图层操作按钮

（1）添加图层样式按钮

单击该按钮，将打开下拉菜单，如图 2-66 所示。在菜单中可以选择要套用的图层样式。

（2）添加图层蒙版按钮

单击该图层，当前图层中将添加出一个蒙版。

（3）创建新图层组按钮

单击该按钮，将在当前图层上创建一个新的图层组。

（4）创建填充或调整图层按钮

单击该按钮，将打开下拉菜单，在菜单中选择一种填充或调整图层内容的方式。

（5）创建新图层按钮

单击该按钮，将在当前图层上创建一个新的图层。

（6）删除图层组按钮

单击该按钮，删除当前图层。

4）图层面板菜单

点击图层面板右上角的三角按钮，将打开图层面板下拉菜单，如图 2-67 所示。

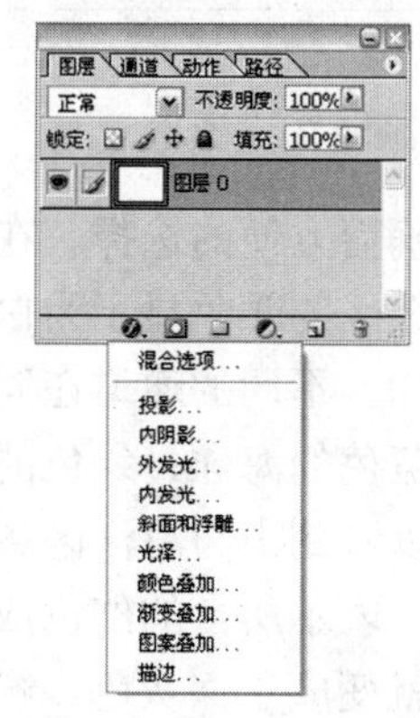

图 2-66　添加图层样式按钮

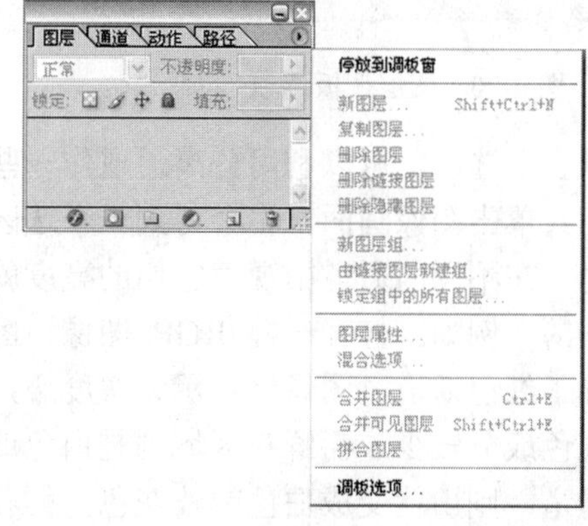

图 2-67　图层面板菜单

（1）停放到调板窗

图层面板停放的位置，默认以选项卡的形式放在浮动面板窗口中，调板窗如图 2-68 所示。当在任一面板菜单中执行“停放到调板窗”命令时，该面板都将自动被放入该区域，并以选项卡的形式显示，也可以用鼠标拖动选项卡，将其拖离出来。

（2）图层属性

选择该命令将打开“图层属性”对话框，如图 2-69 所示。在该对话框中，可以在“名称”文本框中重新命名图层，不过在图层面板中直接双击图层名，然后输入新名称更方便。在“颜色”下拉列表框中可以为图层操作状态框与显示状态框的图表设置颜色。

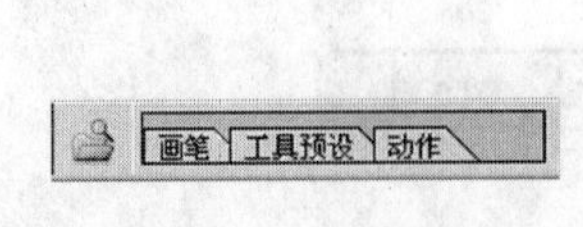

图 2-68　调板窗

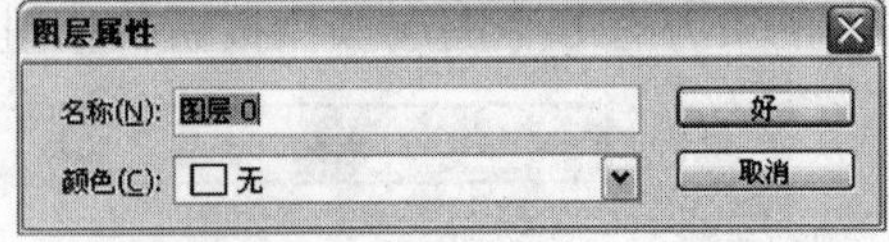

图 2-69　图层属性

（3）调板选项

选择“调板选项”命令，将打开“图层调板选项”对话框，如图 2-70 所示。在对话框中，可以设置图层面板中所显示的图层图标的显示方式。

2. 通道

对通道的操作需要通过通道面板来实现。通道面板如图 2-71 所示。

图 2-70　图层调板选项

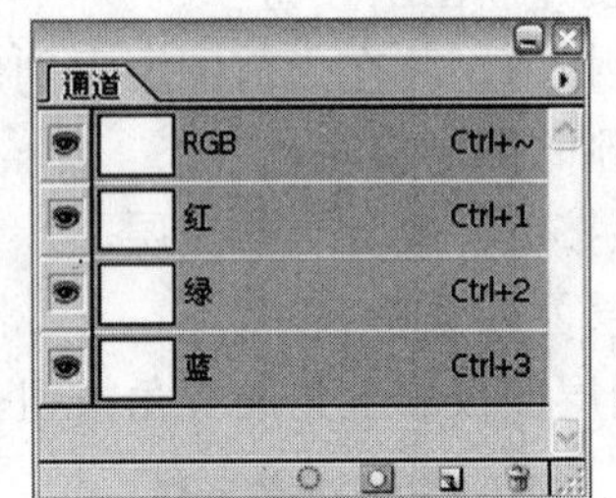

图 2-71　通道

通道可以表示选区，可以利用分离通道作一些比较精确而方便的选择。在选中某通道后，用魔棒工具单击图像画面，将会得到一个选区，这个选区的颜色显示为白色。通道还代表原色信息，在不同的通道中观察它们的亮度就可以得知。不同的通道在同一区域的亮度常常是不同的。例如：打开一幅 RGB 图像，图像中有蓝色的海洋、绿色的山和红色的花，如果选择了红色通道，图像将显示为灰度级，这时可以看到山与海洋区域为暗灰色，表示所含的红色成分较少，而鲜花区域则是白色或浅灰色，表示所含的红色成分多，如果选择了绿色通道，则山就变成白色或浅灰色，鲜花与海洋就变成了深灰色，鲜花与蓝天变成了深灰色，其余依此类推。

1）通道面板的使用

选择“窗口”→“通道面板”命令，打开通道面板，通道面板的形式与图层面板相似，对于 RGB 图像，通道面板就包含 RGB 通道，红通道、绿通道和蓝通道。每一个通道左侧有一个显示或隐藏通道的区域，当该区域有眼睛图标时，通道处于显示状态，当该区域无眼睛图标时，通道处于隐藏状态。用鼠标单击该区域，可以切换显示与隐藏状态。

在通道的下部有 4 个按钮，如图 2-72 所示。

图 2-72　通道面板按钮

将通道作为选区载入按钮：单击该按钮，可以将保存为通道的选区重新加载到图像中。

保存选区为通道按钮：单击该按钮，可以将当前选区保存在一个新建的通道中，第一个新建的通道默认名称为“Alpha1”，其余依次类推，用户还可以自行改变通道名称。

创建新通道按钮：单击该按钮，将创建一个新的通道。如果按下<Alt>键不放的同时单击该按钮，将打开“新通道”对话框，可以对新通道的参数进行设置。

删除通道按钮：单击该按钮可以删除被选中的通道。

单击面板上的面板菜单按钮：可以打开通道面板菜单，如图 2-73 所示。

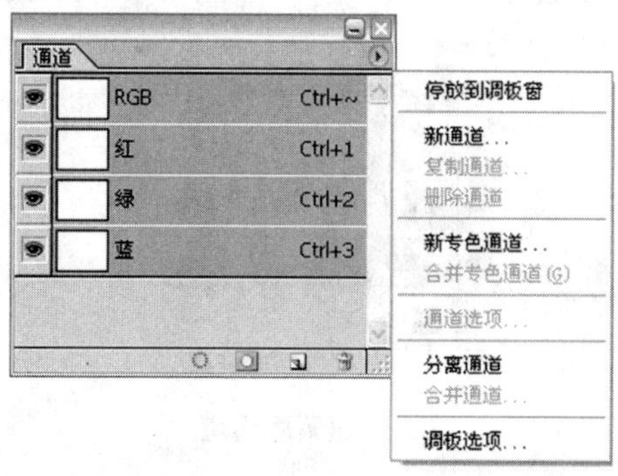

图 2-73 通道面板菜单

2）设置通道面板

可以对通道面板的属性进行设置，选择面板菜单中的“调板选项”命令，打开“通道调板选项”对话框，可以选择不同大小的缩略图单选项，可以改变通道面板中通道缩略图的大小。

通道面板中的原色通道图标默认为灰色，可以将通道面板中的原色通道图标显示为彩色。选择菜单中的“编辑”→“预置”命令，打开“预置”对话框，选择下拉列表框中的“显示与光标”，选择“通道用原色显示”复选框。设置完成后。单击【好】按钮。通道面板中的原色图标将会以彩色显示。例如：RGB 模式的通道图表将显示为红、绿、蓝三种彩色。

2. 蒙版

蒙版也叫遮罩，是一个用来保护一些区域使之不受编辑的工具。蒙版盖住的区域不能进行任何编辑操作，类似于选取工具的作用，而且两者间可以相互转换。蒙版也可以修改选区，而且可以更自由地修改遮罩外的选区，可以进行修改、扭曲和其他变形。蒙版以通道的形式存在，实际上也是保存选区的通道。Photoshop 提供了快速蒙版和创建图层蒙版两种专门的创建蒙版的方法。

1）创建快速蒙版

首先在图像上创建选区，如图 2-74a 所示。然后单击工具箱编辑模式区域的快速蒙版按钮，即可为图像创建一个快速蒙版，如图 2-74b 所示。这时从通道面板上可以看到有一个名称为“快速蒙版”的通道，如图 2-74c 所示。

a）创建选区

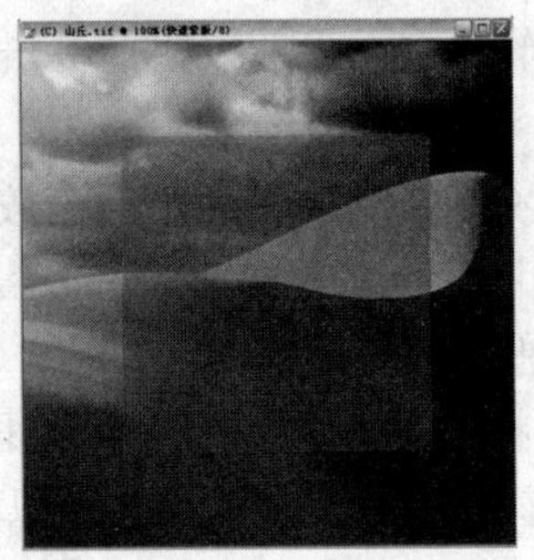

b）快速蒙版

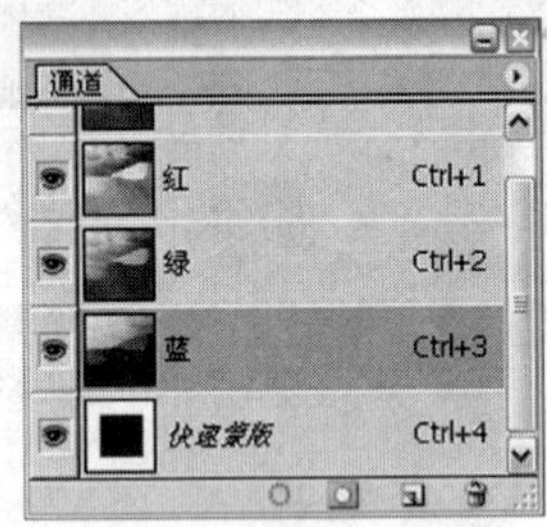

c）快速蒙版通道

图 2-74 创建快速蒙版

“快速蒙版”通道不像 Alpha 通道，而是一个临时的通道，单击工具箱中编辑区域的“标准”模式按钮，“快速蒙版”通道将消失，图像上的蒙版重新变为选区形式。

2）创建图层蒙版

图层蒙版是一个结合图层与蒙版功能的非常有用的工具，图层蒙版控制图层或图层中的不同区域如何隐藏和显示。通过更改图层蒙版，可以对图层应用各种特殊效果，而不会实际影响该图层上的像素。

（1）创建显示或隐藏整个图层的蒙版

取消图像上的所有选区，在图层面板中选定要创建蒙版的图层，如图 2-75a 所示。然后用鼠标单击图层面板下部的添加图层蒙版按钮，在面板该图层缩略图右边就会出现一个蒙版图标，如图 2-75b 所示。这时创建的图层蒙版图表显示为白色，图层中的图像正常显示，不受影响。

a）要创建蒙版的图层

b）图层蒙版图标

图 2-75 创建图层蒙版

如果单击添加图层蒙版按钮时，按下 Alt 键不放，则会创建一个黑色图标的图层蒙版，如图 2-76 所示。这时图层中被选择的图像部分将被遮盖，而无法显示。

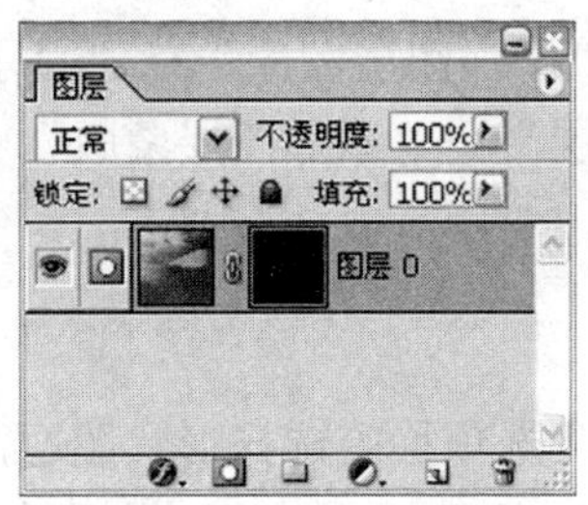

图 2-76　图层蒙版图标

也可以用菜单命令创建显示或隐藏整个图层的蒙版，选择菜单中的“图层”→“添加图层蒙版”→“显示全部”命令，将显示整个图层的蒙版；选择菜单中的“图层”→“添加图层蒙版”→“隐藏全部”命令，将隐藏整个图层的蒙版。

（2）创建隐藏或显示选区的图层蒙版

在图像上创建一个选区在保持该选区不被取消的条件下创建图层蒙版，则可创建显示或隐藏选区的蒙版。

如果创建的是显示选区的蒙版，则蒙版图标由黑白两色组成，其中蒙版图标的选区部分为白色，非选区部分为黑色，如图 2-77a 所示。如果创建的是隐藏选区的蒙版，则蒙版图标的选区部分为黑色，蒙版图标的非选区部分为白色，如图 2-77b 所示。

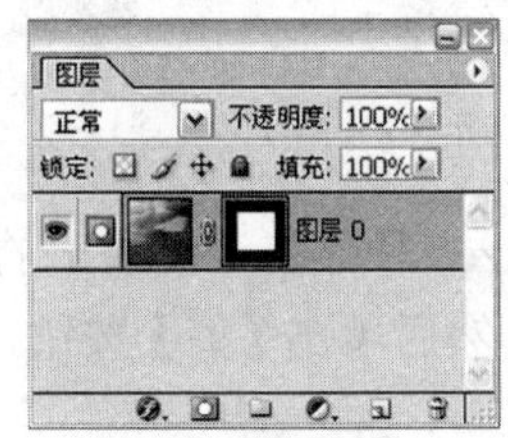

a）创建隐藏蒙版

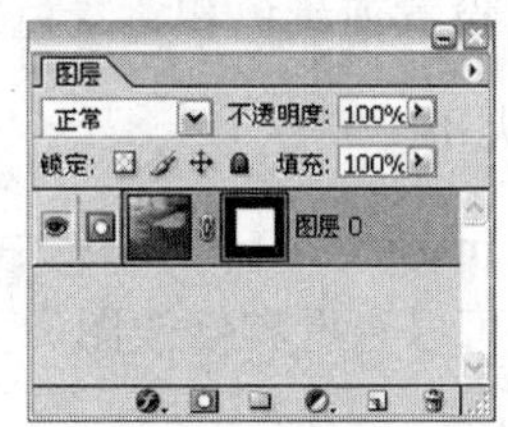

b）显示选区图层蒙版

图 2-77　隐藏或显示选区图层蒙版的面板

创建显示选区的图层蒙版后，图像中选区部分处于显示状态，非选区部分则处于被遮盖状态而无法显示，如图 2-78a 所示。创建隐藏选区的图层蒙版后图像的显示情况正好相反，如图 2-78b 所示。

a）非选区部分

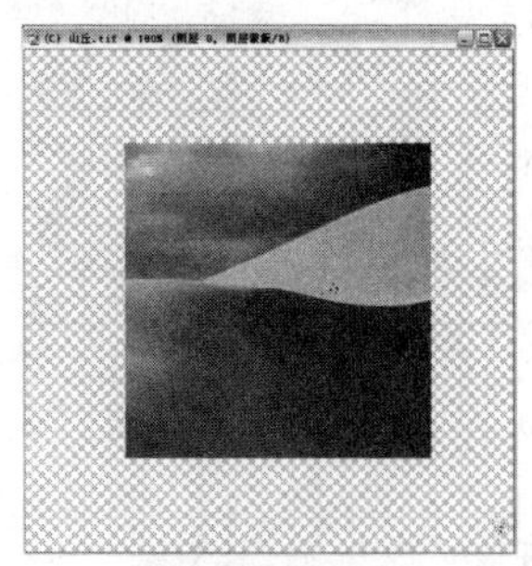

b）创建隐藏选区的图层蒙版

图 2-78　隐藏或显示选区蒙版的效果

选择菜单中的："图层"→"添加图层蒙版"→"显示选区"命令，将创建显示选区的图层蒙版。选择菜单中的"图层"→"添加图层蒙版"→"隐藏选区"命令，将创建隐藏选区的图层蒙版。

3. 创建矢量蒙版

选择图形绘制工具，并在工具选项栏中选择形状图层，在图像上绘制直线或几何图形时，Photoshop 会自动创建新图层，并在图层上创建图层矢量蒙版，如图 2-79 所示。

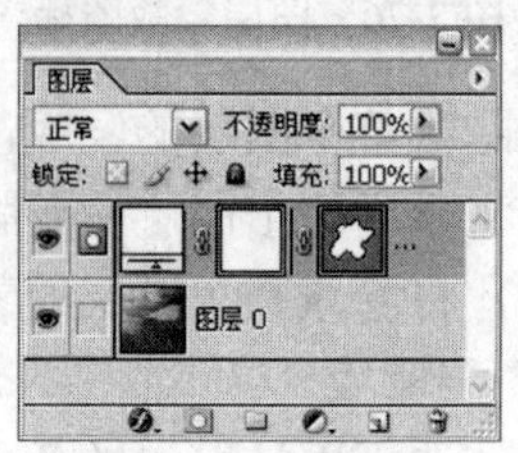

图 2-79 矢量蒙版

2.3.5 处理图形图像的基本操作

运用 Photoshop 处理图形图像的基本操作包括：改变图像大小、设置画布大小、旋转画布、图像缩放、设置前景色和背景色、裁剪图像。

1. 改变图像大小

选择"图像（Image）"→"图像大小（Image Size）"命令，在弹出的"图像大小"对话框中，根据需要可以查看和修改图像大小的设置，然后单击【好】按钮，如图 2-80 所示。

2. 设置画布大小

点击"图像"→" 画布大小 (Canvas Size)"命令，在弹出的"画布大小"对话框中，改变数值和定位的方向对画布大小进行修改，然后单击【好】按钮，如图 2-81 所示。

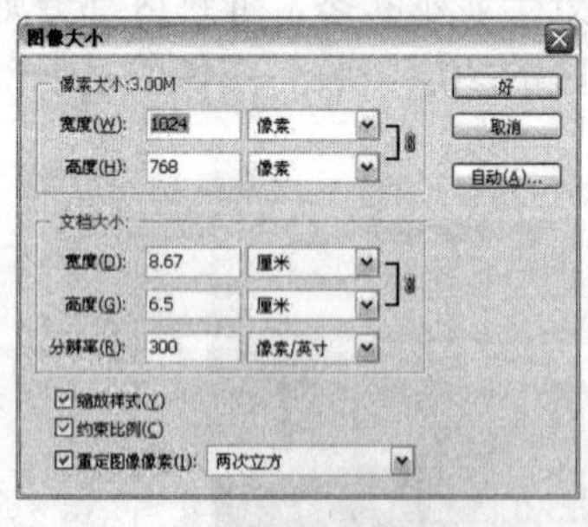

图 2-80 "图像大小"对话框

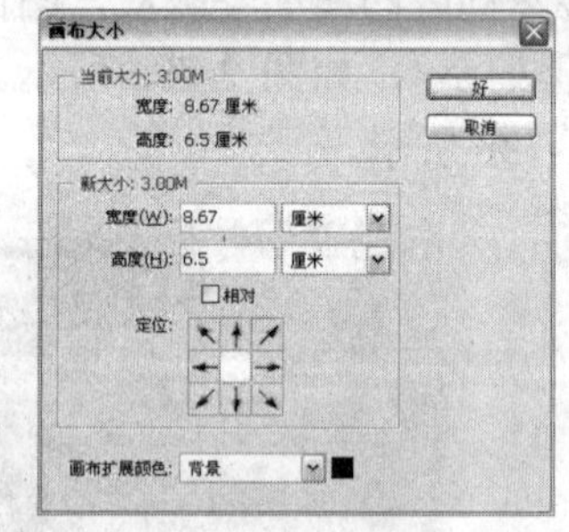

图 2-81 "画布大小"对话框

3. 旋转画布

点击"图像"→"旋转画布（Rotate Canvas）"命令，可以对画布进行旋转或镜像处理，选择"任意角度"项，在弹出的"任意角度"对话框中，可以输入任意数值和旋转方向，

旋转后图像空白处的底色由工具箱中的背景色决定。如图 2-82 所示。

图 2-82　“旋转画布”命令

4. 图像缩放

选取工具箱中的缩放工具，在画面上单击可以进行画面放大显示的操作，按住 Alt 键，画面可按比例缩小。若进行更多缩放操作可在缩放工具栏上设定即可，如图 2-83 所示。

图 2-83　“缩放”工具栏

5. 前景色和背景色

在图像处理中，主要是通过工具箱中的前景色和背景色按钮选取颜色，前景色和背景色位于工具箱下方的颜色选取框中，选取颜色显示在两个颜色框中。前景色用于显示和选取绘图工具当前使用的颜色，背景色用于显示和选取图像的底色，如图 2-84a 所示。单击前景色或背景色，可在弹出的拾色器中设定颜色，如图 2-84b 所示。

6. 拾色器

在工具箱中单击前景色或背景色按钮，都会打开“拾色器”对话框。“拾色器”各区域介绍如图 2-84b 所示。

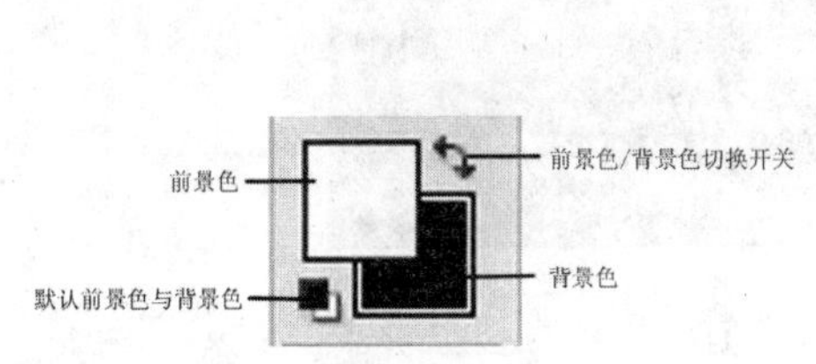

a）前景色与背景色

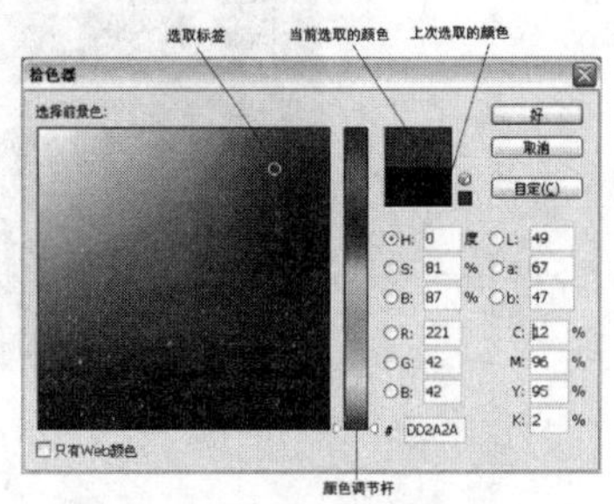

b）“拾色器”对话框

图 2-84　设置前景色与背景色

7. 裁剪工具

选取工具箱中的裁剪工具，创建一个选框，可以在画面上调整选框范围，被裁剪的区域会被屏蔽遮盖，突出保留区域，如图 2-85a 所示；按 Enter（回车）键确定裁剪完成，如图 2-85b 所示。

a）裁剪选框

b）图像裁剪的效果

图 2-85　裁剪工具和效果

2.3.6　使用“色阶”命令校正图像

使用 Adobe Photoshop 的“色阶”命令校正图像的色调范围和色彩平衡，可以通过调整图像的暗调、中间调和高光等强度级别等步骤来实现。

校正过程如下。

（1）选择“文件”→“打开”命令，在打开的对话框中选择一张需要进行校正的图像，如图 2-86 所示。

图 2-86　原图

（2）点击图层面板的下拉按钮，在下拉列表中选择“复制图层”，在弹出的对话框中单击【好】按钮，生成一个“背景副本”图层，如图 2-87 所示。

说明：在“背景副本”图层上应用色调校正，而背景图层保留原始图像不变，以备后用。

（3）选择“图像”→“调整（Adjustments）”→“色阶（Levels）”命令，打开“色阶”对话框，如图2-88所示。

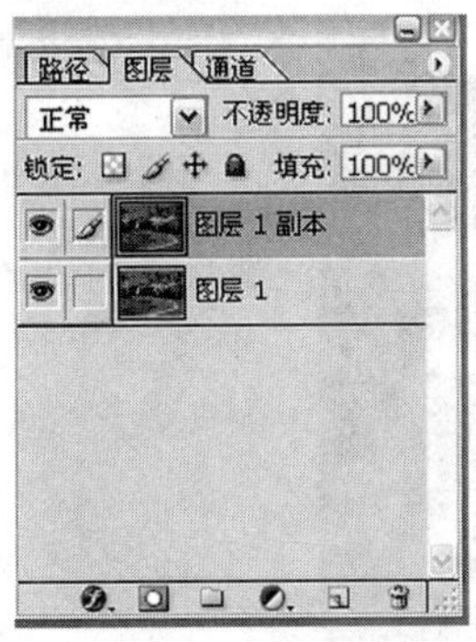

图2-87 复制图层

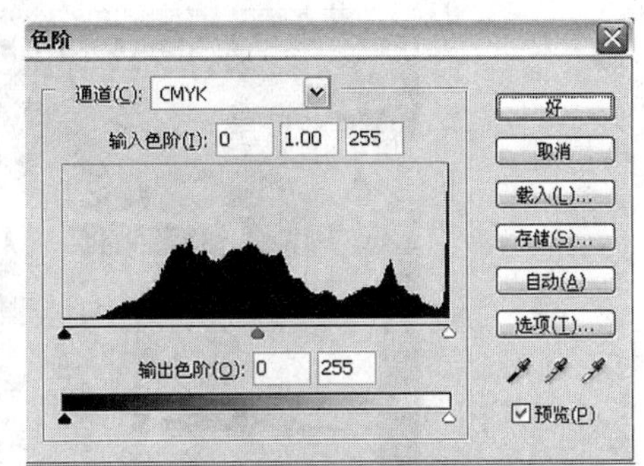

图2-88 “色阶”对话框

（4）调整明暗调和高光。将“黑场输入”滑块和“白场输入”滑块向内移动，“输出色阶”中的数值会随之改变，如图2-89a所示，图像变化效果如图2-89b所示。

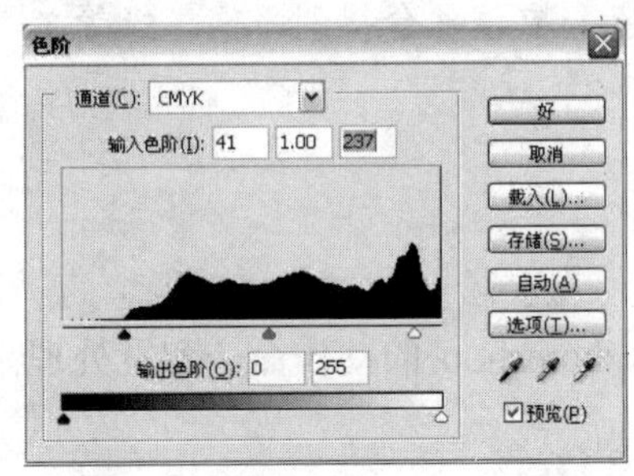

a）色阶

b）图像变化效果

图2-89 调整明暗调和高光

（5）调整中间调。向左滑动中间的灰色滑块使图像变亮，如图2-90a所示，图像变化效果如图2-90b所示。

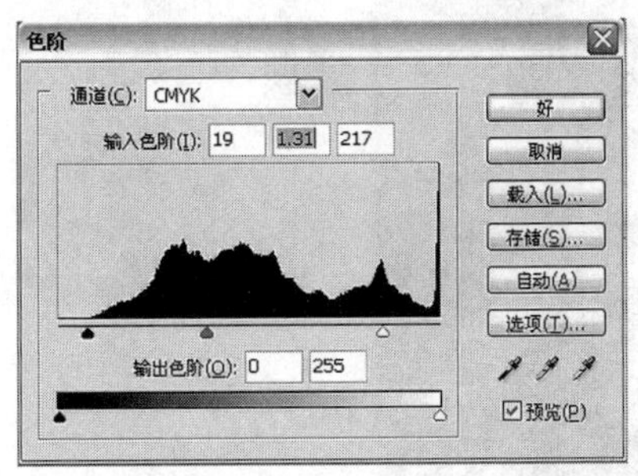

a）色阶

b）图像变化效果

图2-90 调整中间调

说明：中间的灰色滑块用于调整图像中的灰度系数。它会移动中间调（色阶 128），并更改灰色调中间范围的强度值，但不会明显改变高光和暗调。

（6）移去色痕。在“色阶”对话框中选择“设置灰场”吸管工具。点按图像中仅包含灰色调的区域或包含尽可能少颜色的区域，如图 2-91 所示。

图 2-91　移去色痕

说明：平衡图像色彩有一种更容易的方法：先确定应为中性色的区域，然后从该区域中移去色痕。通过这样的校正，图像中所有其他色彩应该也会得到平衡。吸管工具最适合用于具有易于辨识的中性色的图像。

（7）单击【好】按钮，应用色阶调整。

2.3.7　用 Photoshop 的动作和批处理处理图片

如果需要对大量图片进行同样的处理，使用 Photoshop 的动作命令和批处理命令就可以在很短的时间内轻松地制作完成。

1. 制作动作命令

制作过程如下。

（1）选择“文件”→“打开”命令，任意打开其中一张图片。如图 2-92 所示。

图 2-92　打开的图片

（2）选择“窗口”→“动作”命令，打开动作面板。在动作面板的下拉列表中选择“新动作（New Action）”命令，如图 2-93a 所示；弹出新动作对话框，此时，新动作对话框里只有默认命令序列和一些默认动作，如图 2-93b 所示。

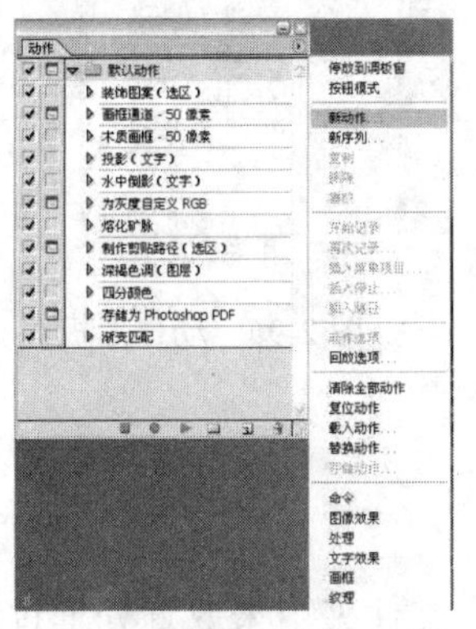

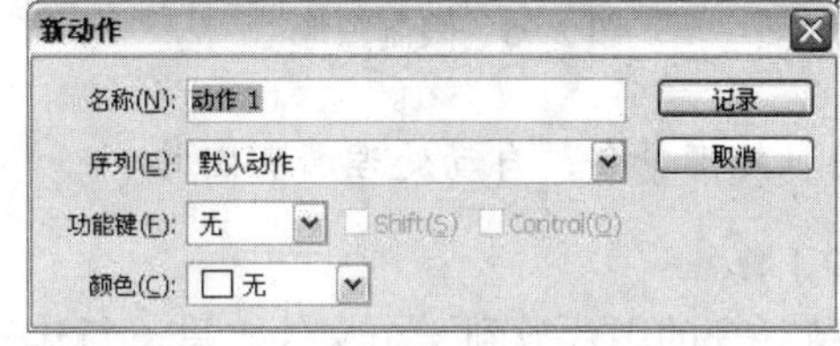

a）建立新动作　　b）新动作对话框

图 2-93　创建新动作

（3）在“名称”文本框中输入“图片处理”，然后单击【记录】（Record）按钮，如图 2-94a 所示；在动作面板中出现“图片处理”动作，如图 2-94b 所示。

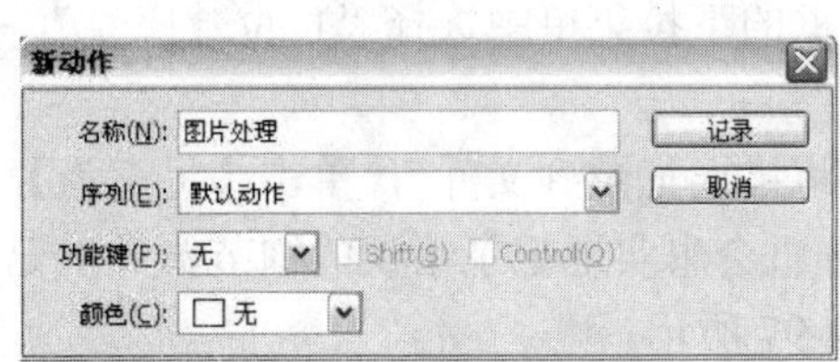

a）新动作对话框设置　　b 动作面板

图 2-94　命名动作

（4）录制动作。按下“开始记录”按钮，计算机开始自动记录每一个动作。

（5）限制图片大小。选择“文件”→“自动（Automate）”→“限制图像（Fit Image）”命令，打开“限制图像”对话框，根据需要设置参数，单击【好】按钮，如图 2-95 所示。

（6）转换颜色类型。选择“图像”→“模式（Mode）”→“CMYK 颜色”。

（7）存储为 JPEG 格式。选择“文件”→“存储为”命令，在“格式”下拉菜单中选择 JPEG 格式，单击【保存】按钮，会打开“JPEG 选项”对话框，在“品质”框下拉菜单中选择“高”，单击【好】按钮。

（8）单击动作命令栏下方的“停止”按钮停止记录，这时已将需要的动作命令制作完毕。动作面板上记录了每一个步骤，如图 2-96 所示。

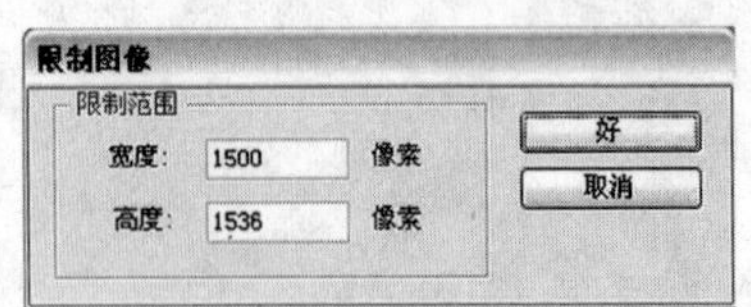

图 2-95　限制图像

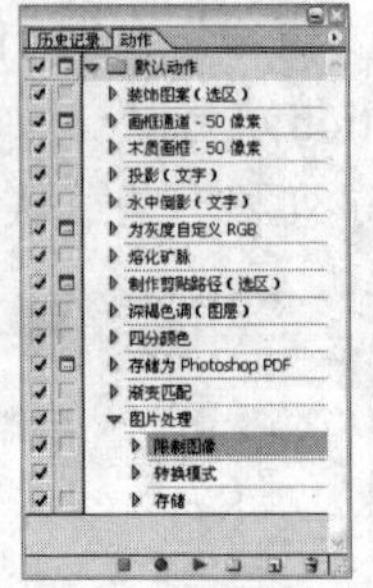

图 2-96　动作面板

2. 使用批处理命令，自动处理所有图片

1）准备工作

把所有待处理的图片放到一个文件夹里，新建一个文件夹用来放置处理过的图片。

2）批处理对话框设置

（1）选择“文件”→“自动”→“ 批处理（Batch）”命令打开批处理对话框，在“动作”下拉菜单中选择“图片处理”。

（2）在“源（Source）”下拉菜单中选择“文件夹”，单击【选取】按钮，在弹出的对话框中选择待处理的图片所在的文件夹，单击【选取】按钮。

（3）在“目的（Destination）”下拉菜单中选择“文件夹”，单击【选取】按钮，在弹出的对话框中选择准备放置处理好的图片的文件夹，单击【选取】按钮。

（4）点击选中“包含所有子文件夹”和“禁止颜色配置警告”复选框。

（5）在“文件命名”的第一个文本框的下拉菜单中选择“1 位数序号”，在第二个文本框的下拉菜单中选择“扩展名（小写）”。

（6）在“错误”下拉菜单中选择“将错误记录到文件”，单击【另存为】按钮选择一个文件夹。批处理若中途出了问题，计算机会忠实地记录错误的细节，并以记事本的形式存储于所选的文件夹中。以上设置如图 2-97 所示。

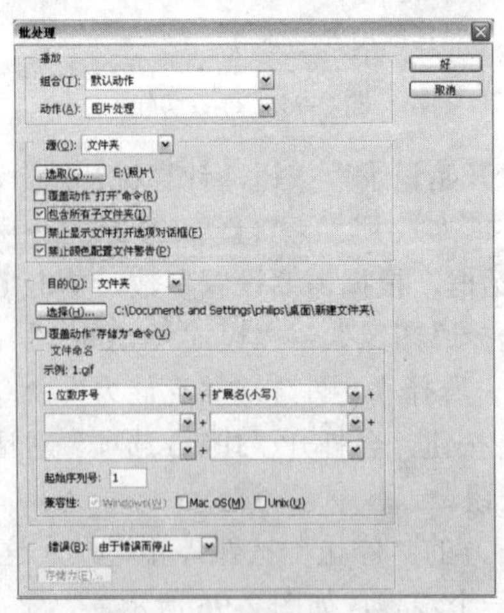

图 2-97　批处理对话框设置

（7）检查无误之后，单击【好】按钮，计算机就会开始一张一张地打开、处理和保存那些需要处理的图片，直到任务结束。

2.3.8　抠图技巧

在制作招贴作品或其他数字平面设计时，常常需要把不同的图片重新组合或只取图片中某个部分，因此要熟练掌握一定的抠图技巧。以下方法比较适合用来处理带有毛发和不规则的图片。

（1）启动 Photoshop CS，打开图片，图片颜色模式要求为 CMYK，如图 2-98 所示。

（2）选择“窗口”→“通道”命令，打开通道调板，找一个对比度最强的通道，目的是为了使主体和背景分离。本例选择青色通道，如图 2-99 所示。

图 2-98　原始图片

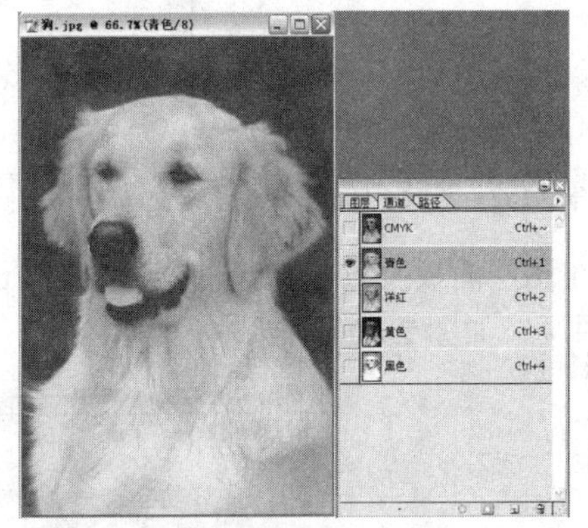

图 2-99　选择青色通道

（3）点击通道面板上的下拉按钮，选择复制通道，在弹出的对话框中单击【好】按钮，如图 2-100 所示。

（4）选择“图像”→“调整”→“色阶”命令，打开色阶对话框，用白色吸管点击主体的灰色，直到把主体全部变为白色，用黑色吸管点击背景的灰色，直到把背景全部变为黑色，需要配合使用橡皮擦细心的调整，以达到最好的效果，效果如图 2-101 所示。

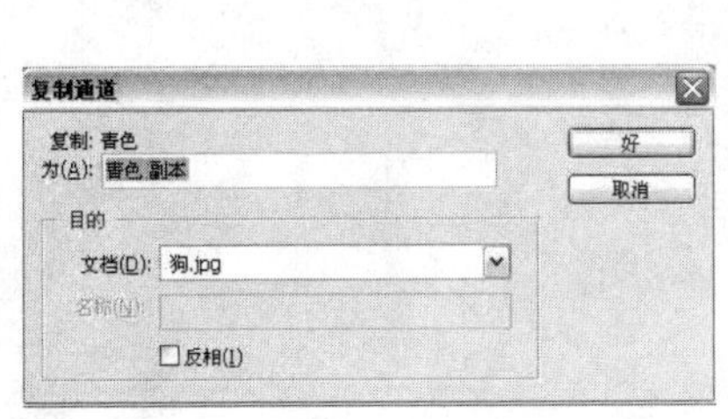

图 2-100　复制通道

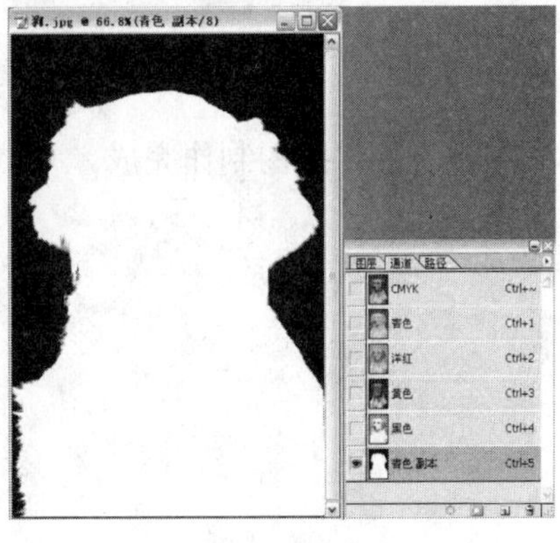

图 2-101　色阶命令

（5）按下 Ctrl 键，点击“青色副本”通道，选中白色部分载入选区，如图 2-102 所示。

（6）羽化选区。选择“选择”→“羽化”命令，像素设为 1，这个操作可以使图片边缘更为柔和，如图 2-103 所示。

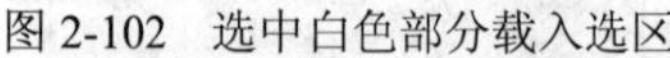

图 2-102　选中白色部分载入选区

图 2-103　羽化选区

（7）在图层面板上点中背景图层。按下 Ctrl＋J 键，抠出的主体图像出现在图层 1 上。隐藏背景图层，如图 2-104 所示。

图 2-104　抠出的图像

（8）存储文件，抠图制作完成。

第 3 章　数字插画设计的一般步骤

数字插画设计是以传统绘画为基础，结合计算机软件技术来实现画面的最终效果。通常所采用的方法是：将绘画草图输入计算机进行处理，或直接在计算机上直接进行绘制。本章将以少儿出版物《英语故事》为例，介绍插画作品从创作构思到成品制作的全过程。

3.1　创意构思

数字绘画和传统绘画一样，在进行绘制前，首先要对画面进行创意构思，数字绘画与传统插画不同的是：它可以通过软件工具实现传统绘画难以实现的视觉效果，甚至还可以直接在一幅照片上加工修改；另外，在光效、投影等方面，数字绘画也具有明显的优势。

3.1.1　创作目的

假设《英语故事》是一本少儿读物，为其进行插画创作的目的主要有两个：一是为了提高书籍的可看性，丰富版面的美观效果，满足广大少儿读者和购买者的需要，达到出版商提高销量的目的；二是为了提高出版用图的质量，降低绘画和出版成本，缩短制作周期。

使用数字绘画进行创作，可以更好地实现这一目的。目前数字插画在出版物插画中已占有很大的比重。

3.1.2　创意

绘画创意是指为表现绘画主题而进行的一种创造性的思维活动，它是科学与艺术结合的产物，是创作思想的内涵和灵魂，是具有说服力的要素。

首先，要明确绘画的主题，理解所要传达的信息内容，使用准确的表现方法来进行创作。

其次，作为商业出版物，要求创作者在进行创作时，必须考虑到绘画的目的、委托人的要求、市场的定位等因素。《英语故事》属于少儿英文读物，应定位为活泼、易懂的风格。

以下就以《英语故事》中“弟弟喝牛奶”的短语练习为例，向读者介绍数字绘画作品的创作过程。

3.1.3　形象定位

“弟弟喝牛奶”这一主题主要表现人物“弟弟”喝牛奶的动作。小孩子的形象通常都与可爱、活泼相联系，因此，在形象定位上重点考虑描绘“弟弟”喝牛奶时的可爱形象，以加深读者的印象。

3.2 草 图

绘制草图是创作者自我交流和进行创作所必不可少的过程。通过绘制草图，创意被反映到纸面上。创作者通过对反映到纸面上的草图进行分析、观察，通过一步步修改、完善来完成初步创作。

在绘制草图的过程中要注意的问题是：由于受绘画技能、材料、情绪等因素的影响，会导致实际所画的图像与所设想的画面图像之间存在差异的问题，所以在绘制草图时要考虑到多方面的因素，及时对草图进行调整、筛选，以达到预期效果。草图效果如图 3-1 所示。

a）初步草图效果

b）完善后的草图效果

图 3-1 草图效果

3.2.1 草图方案

通常在绘制草图前，创作者对所要画的对象往往只有几个抽象的概念，经过大脑的思索，将概念转化成感性的形象，表达在图纸上。创作者通过对图纸上的感性形象进行理性的辨别和区分后，实际可行的理性形象便渐渐形成，将其进一步具体化表现出来，即成为一个草案。由此可见，草图构思是一个连续的过程。不同的绘制者对同一主题会有不同的理解和感受，本节仅以笔者的构思为例进行介绍。

根据“弟弟喝牛奶”这一主题的形象构思，将角色形象设定为一个胖小孩拿着牛奶瓶坐在地上喝牛奶时的动态，草稿构思的方案如图 3-2 所示。

图 3-2 草稿

3.2.2 草图分析及定稿

根据构思所绘制出的草图是一张能够直观地表现出小男孩喝牛奶的动作和小男孩专注于喝牛奶时的神情的线稿图。所设定的人物具有迪斯尼风格。草图是用简洁的线条勾勒出的人物的动态造型。在这个动态中，头部及脚掌等造型突显出了人物的淘气、可爱。

为了使文字与画面协调统一，需要在草图上大致勾画出完整的版面形式。文字部分中的重点词汇为“brother”，短语为“Brother drink milk（弟弟喝牛奶）”。将“brother”放置为画面最显著位置，并将文字进行大小对比，突出第一个字母“b”，以增强记忆。将英文短语“Brother drink milk”与中文“弟弟喝牛奶”放置于画面左下角空白处，草图效果如图 3-3 所示。

图 3-3 草图定稿

3.2.3 线条处理

线条一直是中国绘画的基本造型手法，生动变化的线条具有非常丰富的画面表现力。中国画技法中有“十八描”的说法：高古游丝描、琴弦描、铁线描、行云流水描、蚂蝗描、钉头鼠尾描、混描、橛头描、曹衣描、折芦描、橄榄描、枣核描、柳叶描、竹叶描、战笔水纹描、减笔描、枯柴描、蚯蚓描，是值得插画师们认真研究的课题。十八描如图 3-4 所示。

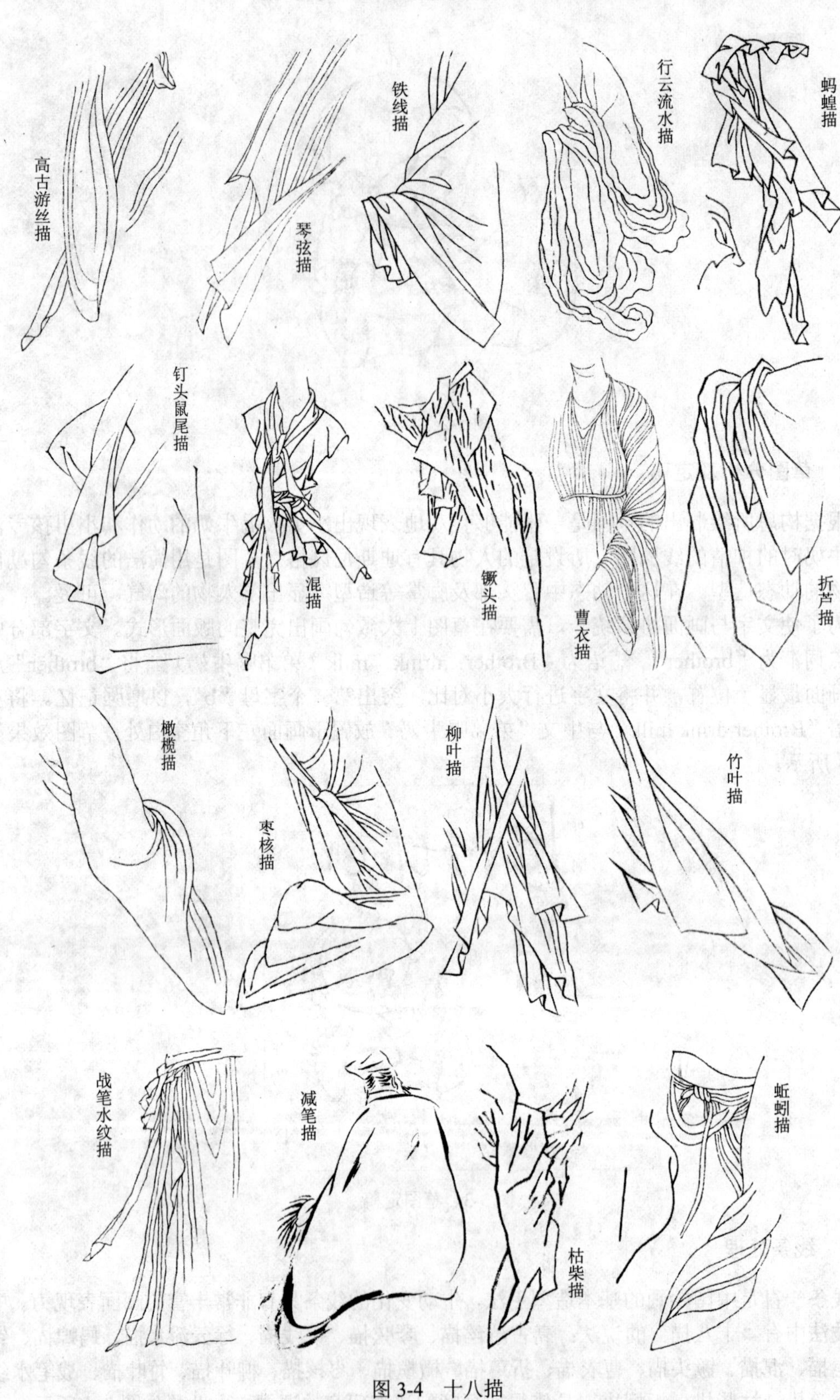

图 3-4　十八描

插画师可以通过学习十八描的线条特征，掌握绘制这些线条的方法，并根据书籍的定位和绘画的风格来选择适合的线条效果。在对线条草稿进行复制和整理的时候，重新勾画出更具美感的线条。

线条的复制和整理除了能使画面具有更强的线条美感之外，也是为后续的着色等工作做好准备。绘制者需要进行长期的线条练习，才能够找出其中的规律和方法来更好地体现自己的创作意图。

线条拷贝需要的基本工具有勾线笔（蘸水笔）、纸、墨水、尺子、双面胶、修正液、拷贝台等，各种主要工具如图 3-5 所示。

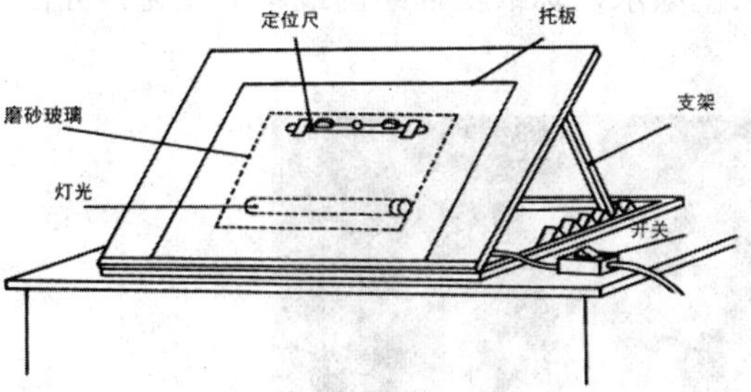

a）拷贝台 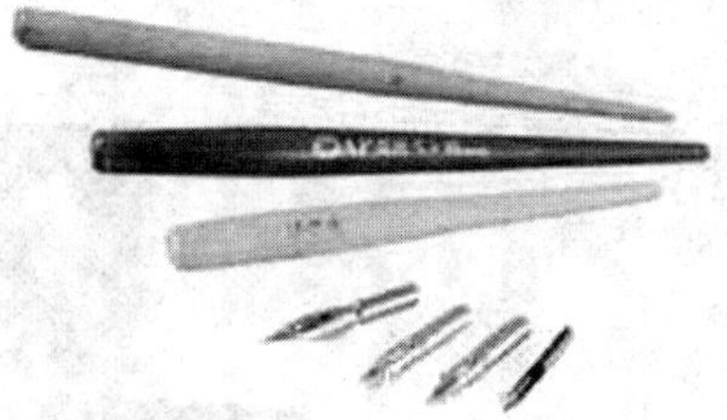　　b）　蘸水笔和笔尖

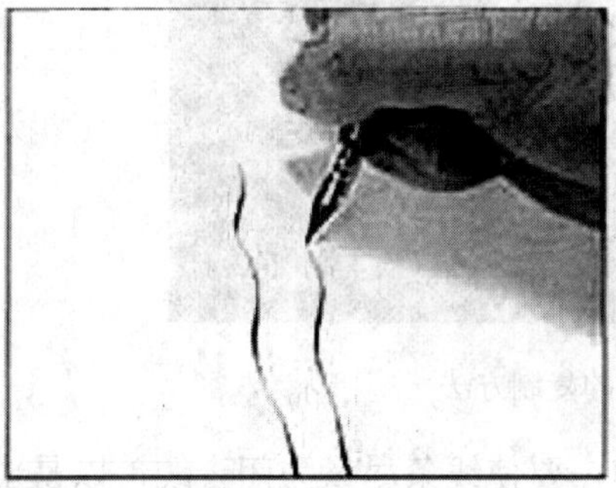

c）　G 笔尖 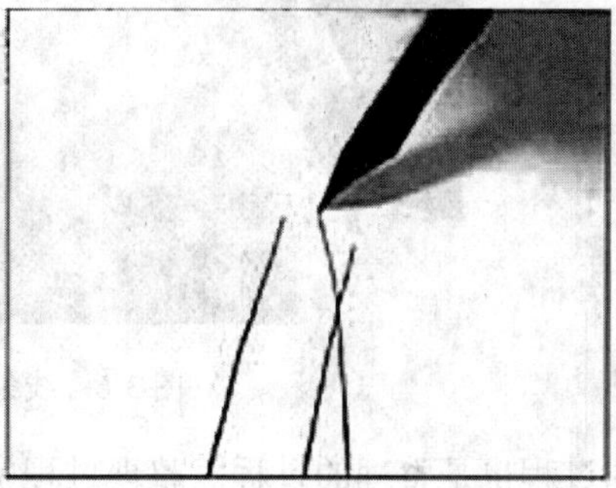　　d）圆笔尖

e）　制图墨水 　　f）　耐水性墨水 　　g）　修正液

图 3-5　线条拷贝工具

说明：

a）拷贝台。用新的画纸覆盖在画稿上，透过灯光可以清晰地看到画稿上的图像，利用这种特性可以对图像进行拷贝。

b）蘸水笔和笔尖。不同的笔尖可以勾画出不同的线条效果。

c）G 笔尖富有弹性、变化多，一般用来绘制主线或轮廓线。

d）圆笔尖大多用来绘制细节和细线部分。

e）制图墨水，可使线条更加流畅。

f）耐水性墨水，适合绘制彩稿。

g）修正液，可修饰和修改细节。

线条拷贝方法如下。

把草稿放在拷贝台上，用一张空白的绘画纸覆盖在草稿上，拷贝桌的灯光能使草稿画面清晰的透到空白画纸上，用勾线笔吸取黑色墨水在画纸上描绘出线条的变化，如图 3-6 所示。

图 3-6　线条的复制方法

复制的过程也是整理的过程。整理过程中，要使线条尽量为闭合线，以易于着色。未闭合线条和闭合线条的效果如图 3-7 所示。

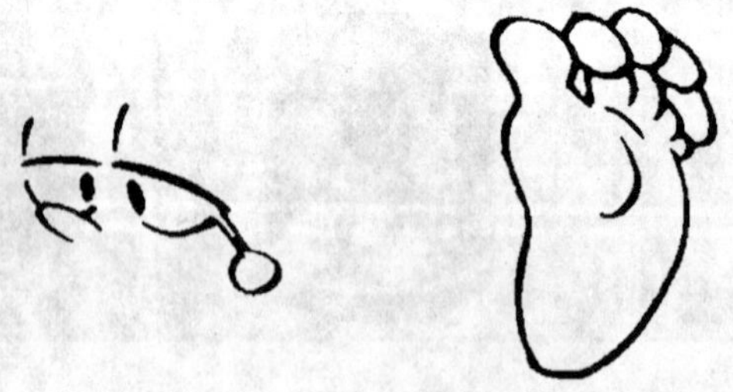

图 3-7　未闭合线条和闭合线条

拷贝后的画面效果如图 3-8a 所示，在这个人物线条中，各个部分基本为闭合线，效果如图 3-8b 所示。

a）复制后的线稿效果

b）闭合路径示意

图 3-8　复制后的线稿

3.3　草图数字化

草图数字化通过以下几个步骤来实现。

3.3.1　输入计算机

1. 扫描

（1）把拷贝过的第二幅画面放入扫描仪中，启动 Photoshop CS。

（2）选择“文件”→“置入”命令。

（3）在扩展的菜单中选中扫描仪，并在弹出的窗口中设置扫描属性（设置为灰度扫描）和设置画面的精度（制作印刷品不能低于 350dpi）。

（4）单击“预览”按钮，在预览窗口中调整扫描范围，如图 3-9 所示。

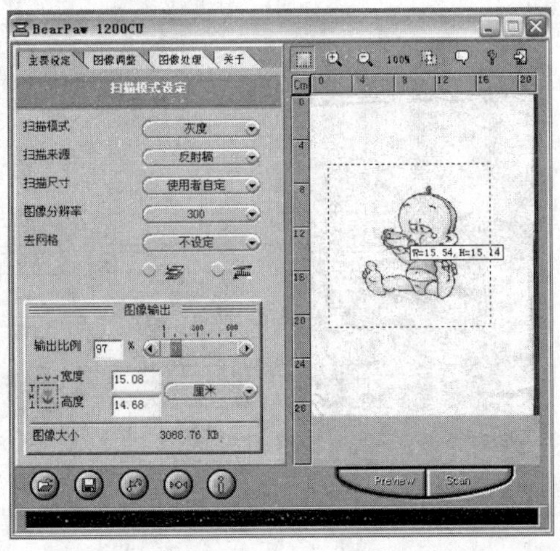

图 3-9　扫描设置

（5）点击【扫描】按钮，扫描结果如图 3-10 所示。

注：如果扫描的图像需要调整方向，可选择“图像”→“ 旋转画布(Rotate Canvas)”→“90° 逆时针”命令，调整画布方向，如图 3-11 所示。

图 3-10 扫描结果

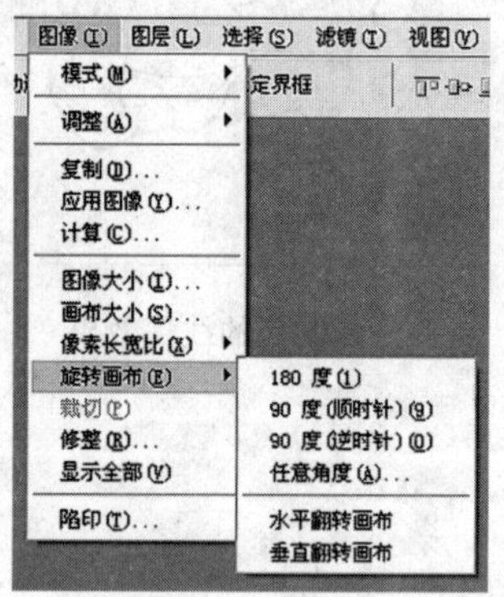

图 3-11 旋转画布

2. 存储文件

（1）选择“文件”→“存储”命令，弹出“存储为”对话框，为文件命名为“弟弟喝牛奶”。

（2）单击“保存位置”的下拉按钮，在弹出的下拉列表中选择“桌面”。

（3）单击“保存”按钮。文件“弟弟喝牛奶”被存入计算机桌面，如图 3-12 所示。

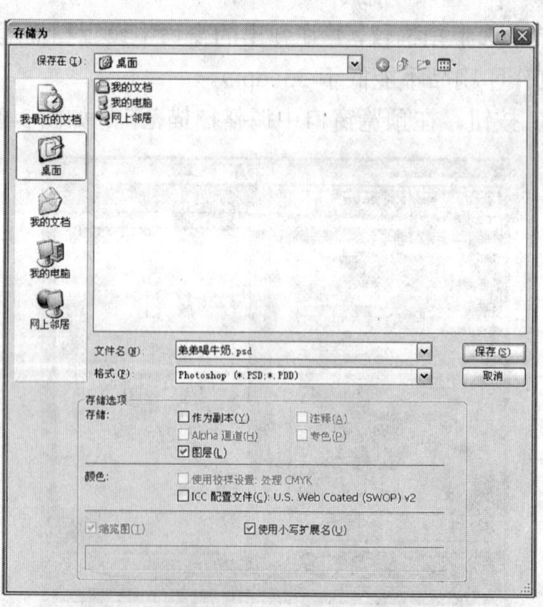

图 3-12 存储文件

（4）单击“格式”下拉按钮，选择文件存储格式，一般选择“*.jpg”、“*.tiff”或“*.psd”

格式。

注：tiff 是现在 Windows 上主流的图像格式，应用程序都支持该格式。tiff 图形图像十分便捷，大多数扫描仪也都可以输出*.tiff 格式的图像文件。该格式支持的色彩数最高可达 16M 种。其特点是：存储的图像质量高，但占用的存储空间也非常大。

.jpg/.jpeg 是 24 位的图像文件格式，也是一种高效率的压缩格式，*.jpg/*.jpeg 文件并不适合放大观看，输出成印刷品时品质也会受到影响。一般情况下，*.jpg/*.jpeg 文件只有几十 KB，占用空间较小。

.psd 是 Photoshop 中使用的一种标准图形文件格式，可以存储成 RGB 或 CMYK 模式，还能够自定义颜色数并加以存储。.psd 文件能够将不同的物件以层（Layer）的方式来分离保存，便于修改和制作各种特殊效果。

3. 计算机线条处理

（1）在 Photoshop CS 中打开文件“弟弟喝牛奶.jpg”。

（2）点中图层面板右上角的三角形下拉按钮，在弹出的下拉菜单中单击“复制图层”，如图 3-13a 所示；弹出“复制图层”对话框，如图 3-13b 所示。

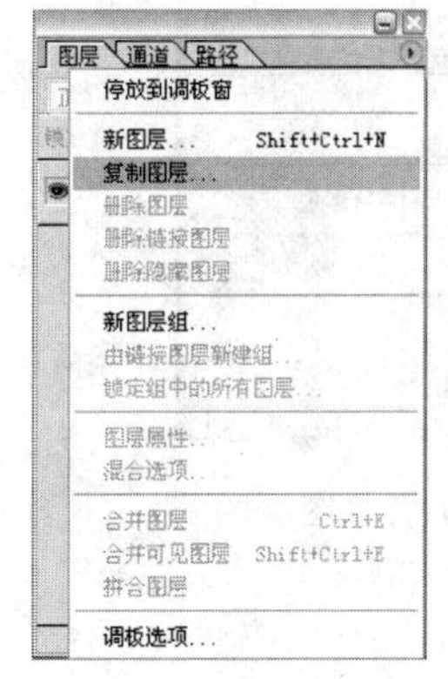

a）图层下拉列表

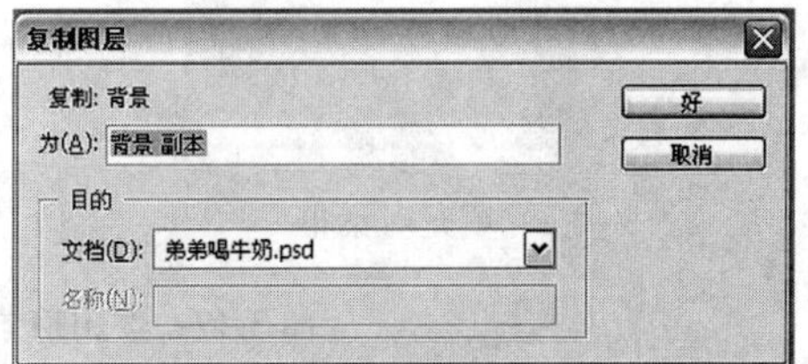

b）复制图层对话框

图 3-13　复制图层

（3）单击【好】按钮，生成一个“背景 副本（Background copy）”图层，如图 3-14 所示。

（4）单击“背景”图层，如图 3-15 所示。

图 3-14　图层面板

图 3-15　单击背景图层

（5）在工具箱中单击“设置前景色(Set Foreground Color)”工具，弹出“拾色器（Color Picker）对话框，分别在 C：M：Y：K：的文本框中输入 0，单击【好】按钮，颜色为白色，如图 3-16a 所示，或者直接在颜色面板中选择颜色，如图 3-16b 所示。

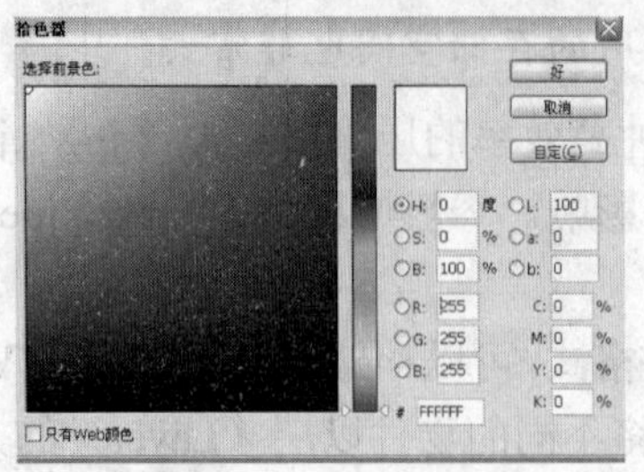

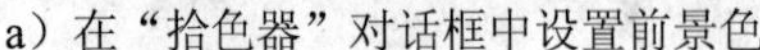

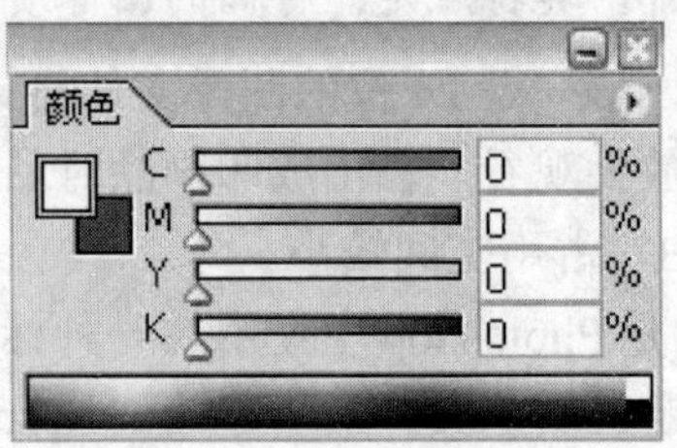

a）在“拾色器”对话框中设置前景色　　b）在“颜色”面板中设置前景色

图 3-16　设置前景色

（6）选择“编辑”→“填充”命令，弹出一个“填充”对话框。

（7）在“使用”下拉列表中选择“前景色”，点击【好】按钮，如图 3-17a 所示，此时背景图层被填充为白色，如图 3-17b 所示。

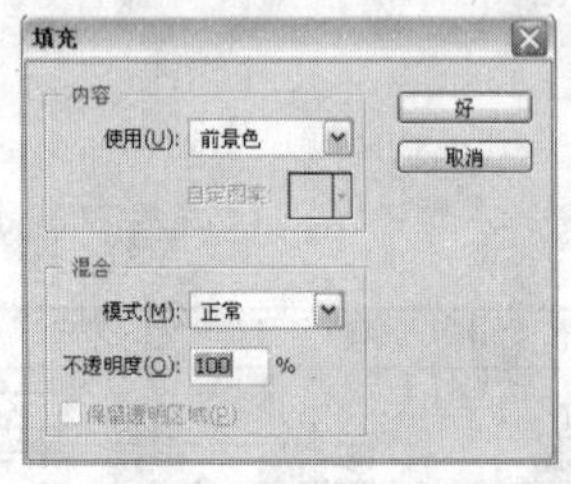

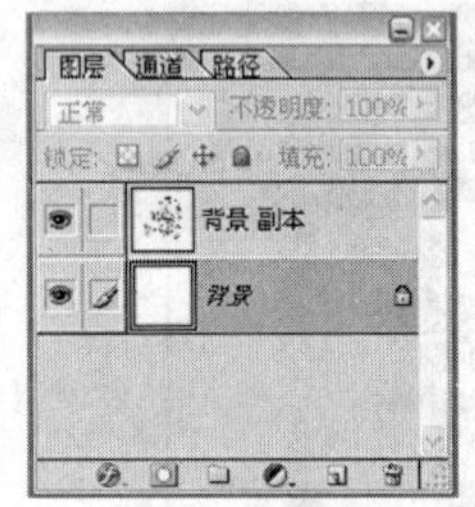

a）填充对话框　　b）背景图层

图 3-17　使用前景色填充图层

（8）单击“背景 copy”图层。

（9）在工具箱中选择“毛笔工具（Brush Tool）”。

（10）选择“窗口”→“画笔（Brush）”命令，弹出“画笔”面板，如图 3-18 所示。

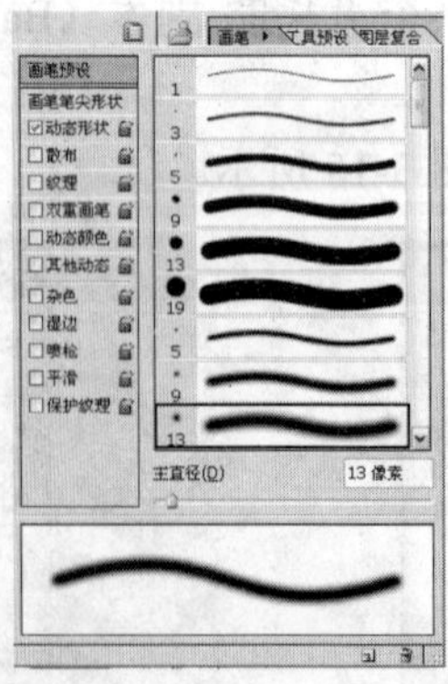

图 3-18　画笔面板

（11）在 Brush 面板中调整笔刷大小和软硬度，在画面上清除较为明显的杂质（此时前景色为白色），如图 3-19 所示。

（12）选择“图像”→“调整（Adjustments）→“亮度和对比度（Brightness/Contrast）”命令，弹出“亮度和对比度”对话框。

（13）在对话框中输入数值或移动三角形图标来增强画面对比度和亮度，可以淡化画面杂质和使线条部分更为清晰，单击【好】按钮，如图 3-20 所示。

图 3-19　清除明显的杂质

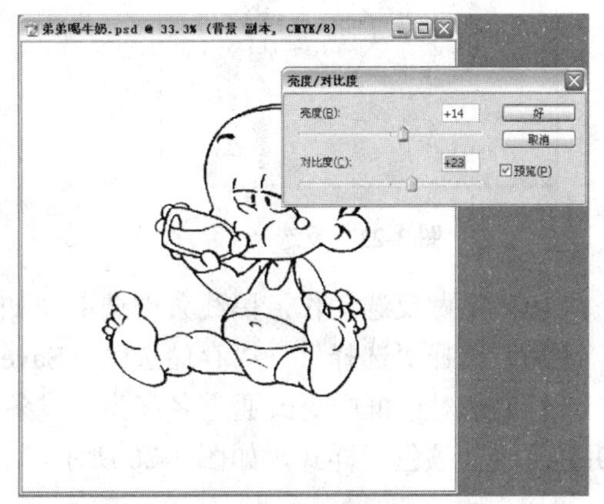

图 3-20　调整亮度和对比度

（14）选择“选择”→“色彩范围（Color Range）”命令，弹出色彩范围对话框，如图 3-21 所示。

（15）在“选择”下拉列表中选择“取样颜色（Sampled Color）”。

（16）把光标移至画面，吸取图片中的黑线条，根据效果拖动“颜色容差”滑块调整数值范围，单击【好】按钮，如图 3-22 所示。

图 3-21 色彩范围对话框

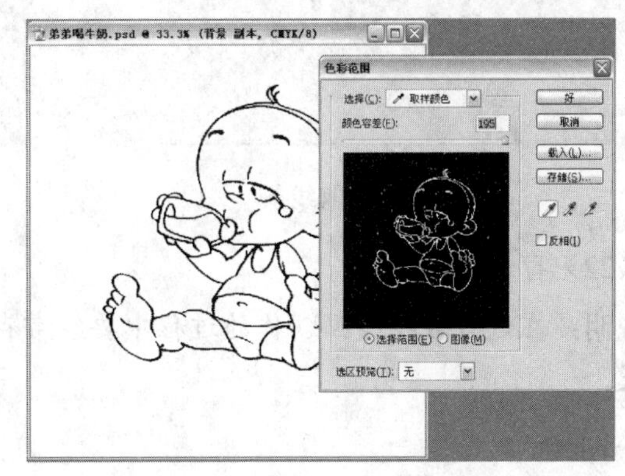

图 3-22　色彩范围

（17）选择“选择”→“反选（Inverse）”命令，如图 3-23 所示。

（18）选择“编辑”→“删除（Delete）”命令，删除画面白色部分，此时画布显示仍为白色，关掉背景图层，即显示为透明图层的线条效果，如图 3-24 所示。

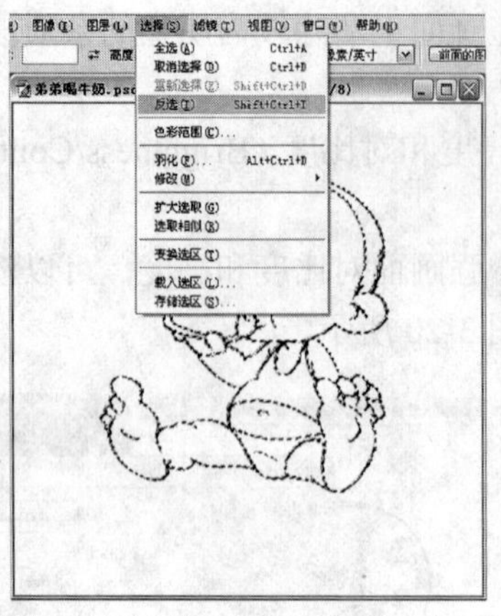

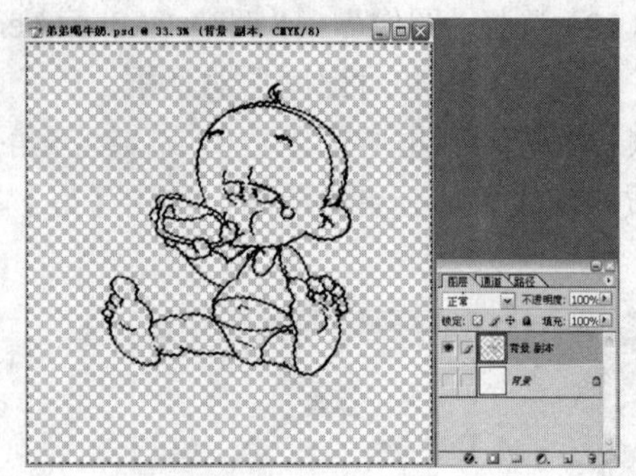

图 3-23　反选　　　　图 3-24　删除画面白色部分

（19）重做反选动作，黑线条被选取，如图 3-25 所示。

（20）选择“选择”→“存储选区（Save Selection）”命令，弹出存储选区对话框。

（21）在对话框中更改通道名字为“线条”，单击【好】按钮，线条被存入通道，便于后期更改线条颜色或样式，如图 3-26 所示。

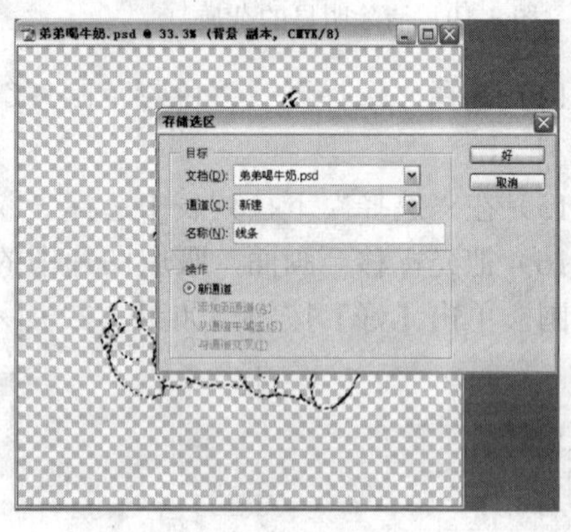

图 3-25　选取线条　　　　图 3-26　存入通道

（22）存储文件。

说明：在进行数字绘画创作的过程中要经常存储文件，避免计算机意外退出造成的文件丢失。

3.3.2　上色

1. 填充颜色

（1）打开文件“弟弟喝牛奶.jpg”。

（2）为了体现小孩子稚嫩的形象，服装颜色选用嫩绿色和天蓝色，肤色偏红。

（3）在工具面板中选择“设置前景色（Set Foreground Tool）”，在弹出的对话框中设置 C=16、Y=60，单击【好】按钮，如图 3-27 所示。

（4）在工具箱中选择“油漆桶工具（Paint Bucket Tool）”，在图中小男孩的衣服上单击，填充为绿色，填充效果如图 3-28 所示。

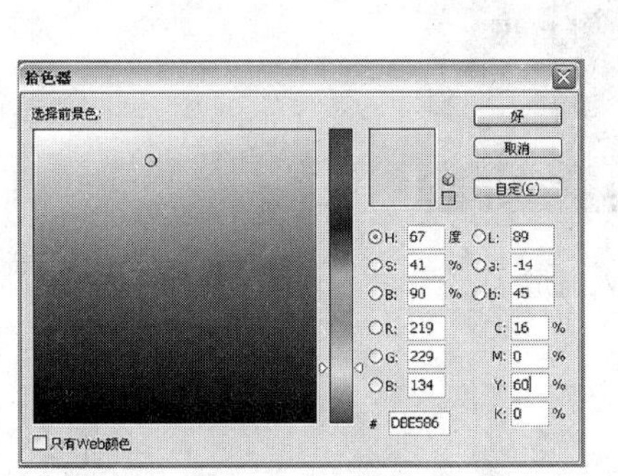

图 3-27　设置前景色

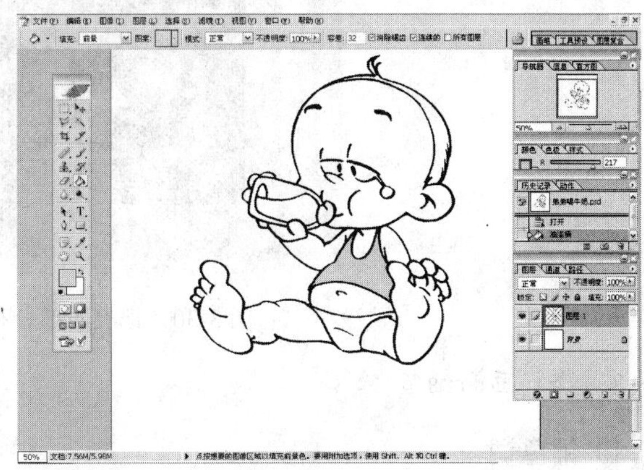

图 3-28　填充颜色

（5）按照同样的方法为其他部分填充颜色，填充效果如图 3-29 所示。

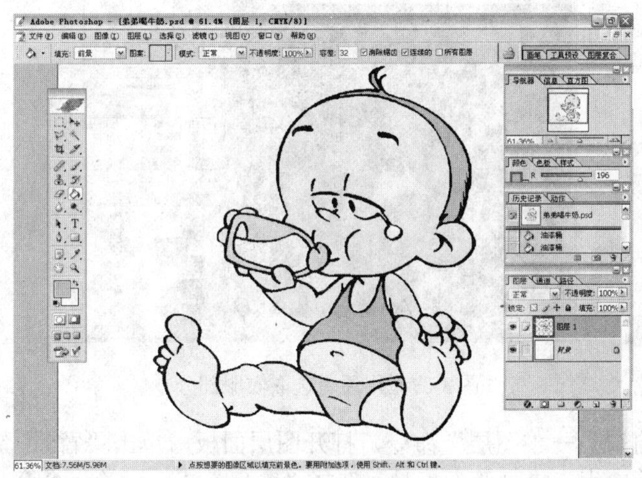

图 3-29　填充颜色

说明：如果觉得色彩效果不够理想，可使用油漆桶工具重新选择颜色进行填充，但重复填充的次数不宜过多，因为重复填充颜色会导致线条形状产生变化。

2. 存储选区

把画面各部分分别存入选区是为后续的绘制画面细节等工作做好准备，存储选区的过程如下。

（1）用魔棒工具选取小男孩衣服部分，并把它存入通道（存储方法与线条存储方法相同），如图 3-30 所示。

（2）以同样的方法把画面其他部分分别存入通道。

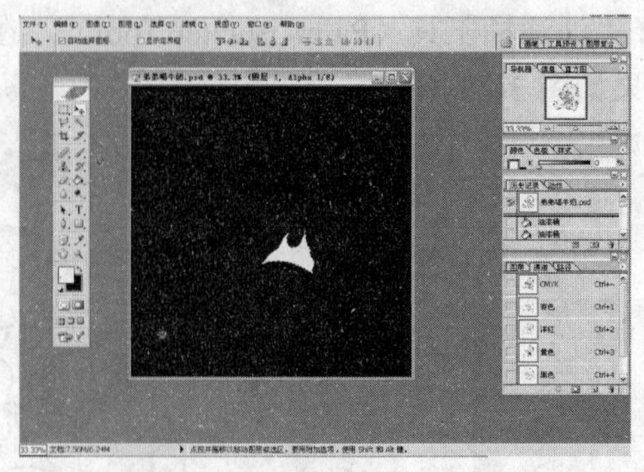

图 3-30　把衣服部分存入通道

3. 绘制画面细节

1）铺色调

（1）选择“窗口”→“通道（Channels）”命令，弹出“通道”面板。

（2）按住 Ctrl 的同时用鼠标点击衣服的通道，衣服部分被选取，如图 3-31 所示。

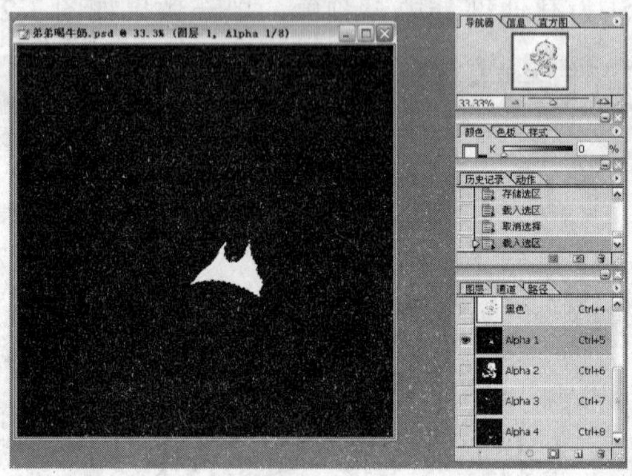

图 3-31　用通道选取衣服部分

（3）选择“窗口”→“图层”命令，打开图层面板，单击“背景 副本”图层。

（4）在工具箱中点击“画笔”工具，选择“窗口”→“画笔”命令，弹出“画笔”对话框，在对话框中选择画笔种类并调整相应的参数，如图 3-32 所示。

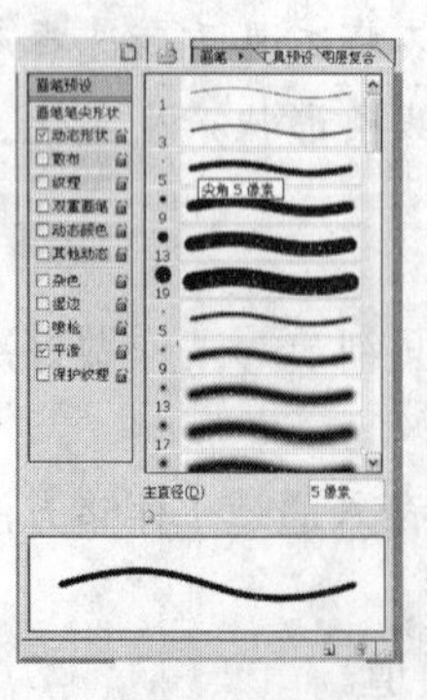

a）“画笔”对话框

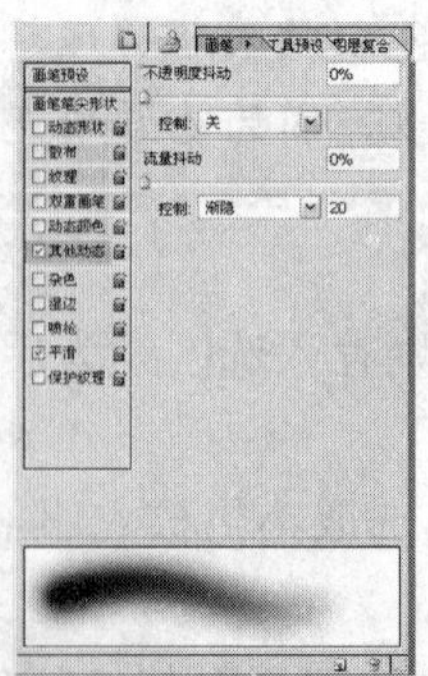

b）调整参数

图 3-32　选择画笔

使用画笔工具在“衣服”范围里铺出画面明暗色调（上色原理同传统绘画类似），大致步骤如下。

（1）调整画笔大小和软硬度至合适状态，如图 3-33 所示。

（2）选择比衣服颜色更深的颜色，如图 3-34 所示，将鼠标移至衣服的暗部进行涂抹，效果如图 3-34 所示。

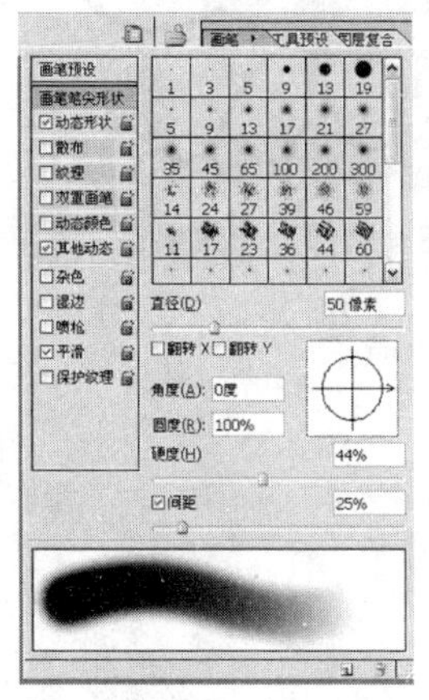

图 3-33　调整画笔大小和软硬度

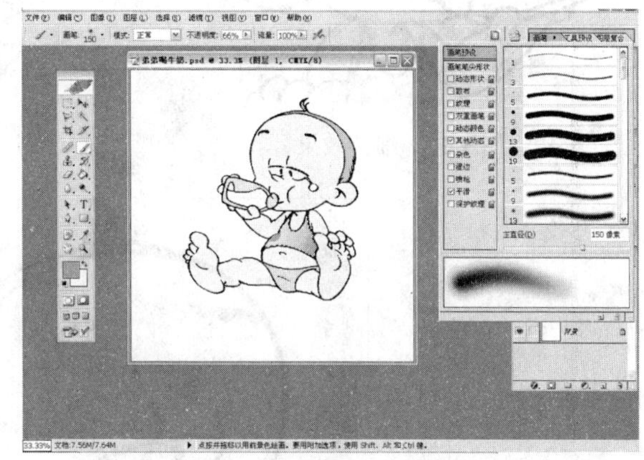

图 3-34　为“衣服”部分铺色调

（3）用同样的方法为其他部分铺上明暗色调，效果如图 3-35 所示。

2）细节调整

在细节部分的绘制过程中，创作者可以充分的使用画笔功能，绘制出理想的画面效果。绘制细节的过程如下。

（1）按下 Ctrl 键的同时用鼠标点击“脸部”的通道，脸部被选取，如图 3-36 所示。

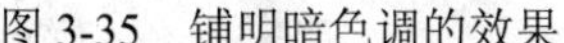

图 3-35　铺明暗色调的效果

图 3-36　“脸部”的通道

（2）调整颜色和笔触效果绘制“脸部”的暗部细节，效果如图 3-37 所示。

（3）调整画笔大小，将颜色设置为白色，绘制脸部反光效果，效果如图 3-38 所示。

（4）调整画笔软硬度和透明度，绘制小男孩脸上的粉色红晕，使小男孩的形象更为可爱，效果如图 3-39 所示。

图 3-37　细节效果

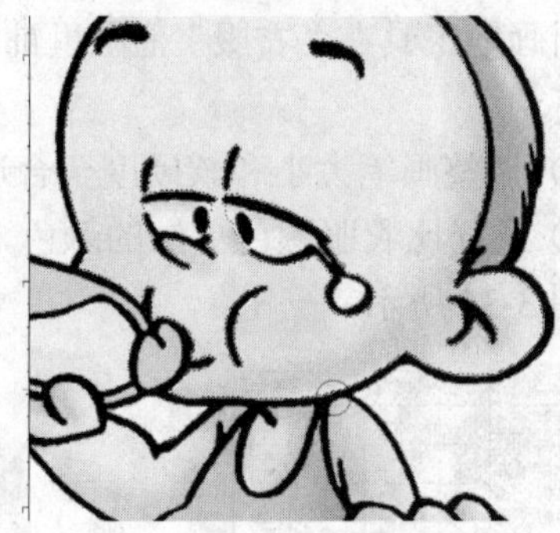
图 3-38　脸部反光效果

图 3-39　　小男孩脸上的粉色红晕

（5）使用同样的方法为其他部分绘制细节，效果如图 3-40 所示。

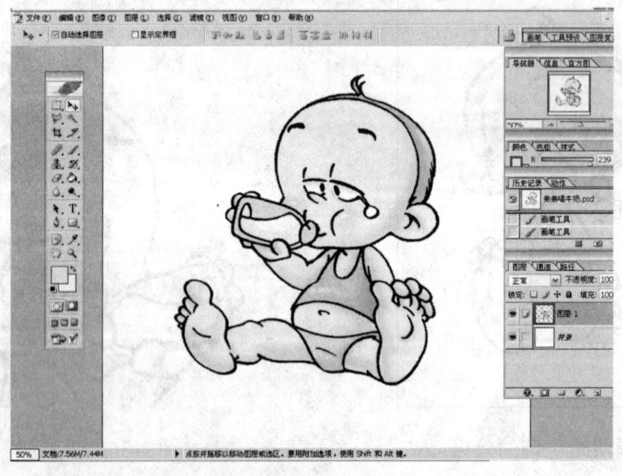
图 3-40　细节效果

3.3.3　制作背景

通过预先储存好的通道选区，可以对每一个区域进行调整，使画面更协调、更完整。

由于小男孩坐在地上，可以考虑做一些简单的效果衬托，使画面更为合理。

（1）选取魔棒工具，选取白色的背景。

（2）选取毛笔工具，使用较大的笔触，并将软硬度调至最软，在小男孩坐的位置描绘色彩作为地面效果，此时画面更为完整。效果如图 3-41 所示。

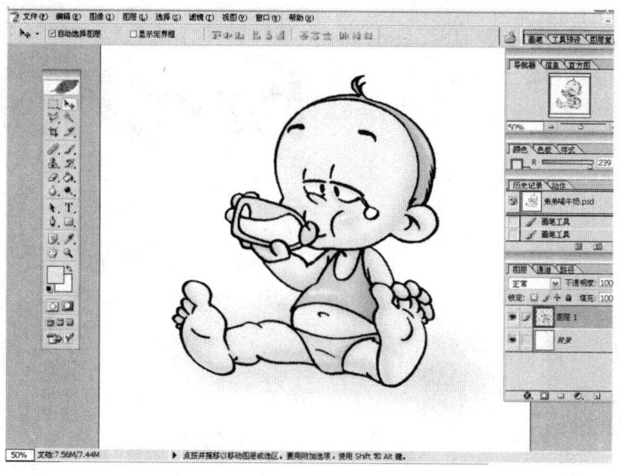

图 3-41　细节效果

3.3.4　后期效果

根据草图构思，为画面配上文字。

1. 文字字体和色彩

选择文本工具，在画布上单击，将自动生成一个新的图层，输入英文“brother”，在导航栏上按下“设置字体系列”下拉按钮，弹出字体菜单，选择粗圆体，如图 3-42a 所示。

在导航栏上双击“设置文本颜色”方框，弹出“拾色器”对话框，在 CMYK 栏中输入 C：0、M：20、Y：100、K：0，字体颜色将会改变，文字字体如图 3-42a 所示，文字颜色如图 3-42b 所示。

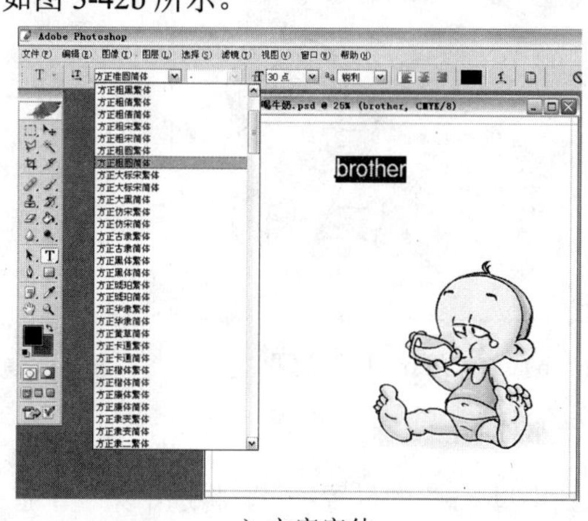

a）文字字体

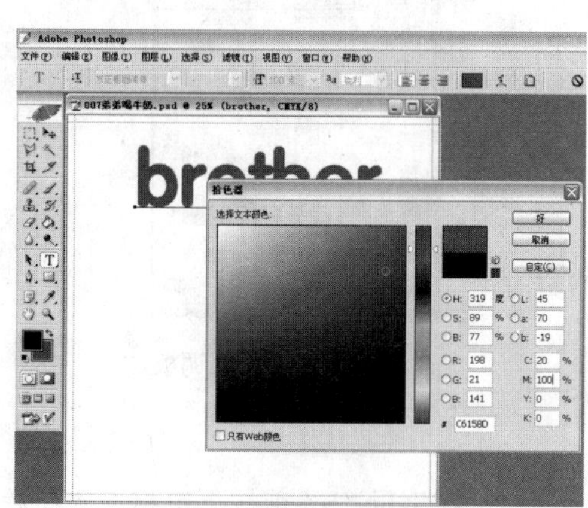

b）文字颜色

图 3-42　设置文字字体和颜色

2. 文字位置

在工具箱上选择移动工具，点中画布上的英文，将文字移至画面上方理想的位置，移动工具如图 3-43a 所示，文字效果如图 3-43b 所示。

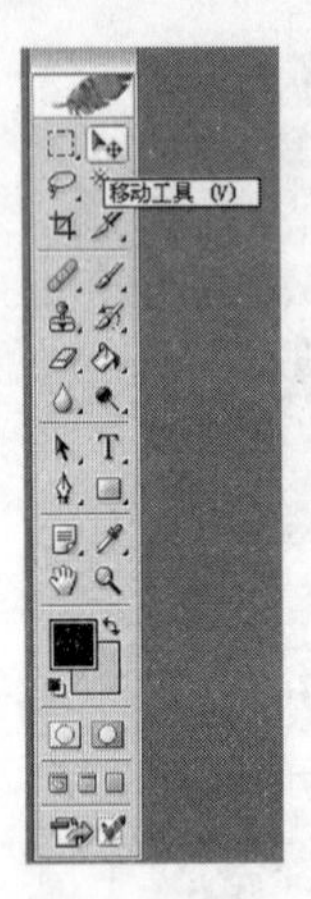

a）移动工具

b）文字效果

图 3-43　移动文字至合适位置

3. 文字大小、间距

（1）在导航栏上点击“切换字符和段落调板”图标，弹出“切换字符和段落调板”，在面板上调整参数改变文字的大小、间距等，“切换字符和段落调板”如图 3-44a 所示，文字大小、间距效果如图 3-44b 所示。

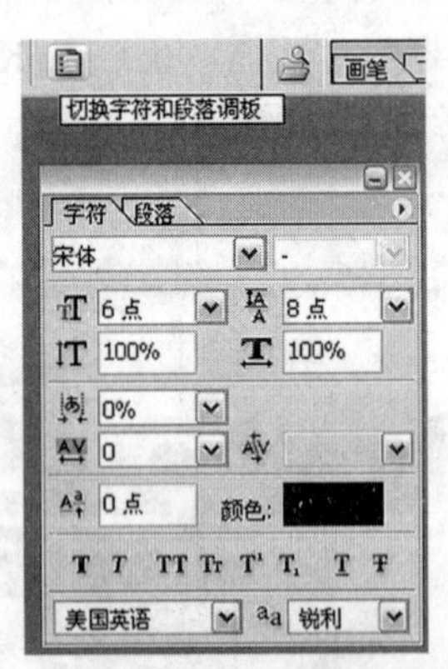

a）切换字符和段落调板

b）文字大小、间距效果

图 3-44　调整文字大小和间距

（2）在字母“b”前按下鼠标不放向后拖动到字母“b”的位置结束，将选中第一个字母“b”，使之比其他字母字号大，而产生画面的节奏感。效果如图 3-45 所示。

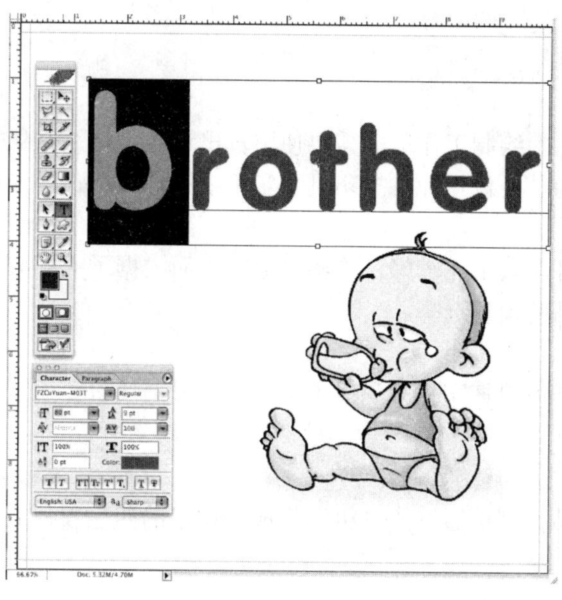

图 3-45 文字节奏

（3）用同样的方法输入短语“Brother drink milk”以及中文“弟弟喝牛奶”，并将其拖动到画面左下角，最终效果如图 3-46 所示。

图 3-46 最终效果

3.4 输出与印刷常识

在完成插画作品的创作后，通常需要选择某种方式输出或印刷制作作品。输出方式与作品的风格和内容，与所选择的输出材料有着密切的关系。它们之间关系处理得好与不好，将直接影响作品的最终效果。

3.4.1 输出

1. 输出设备

在电脑中完成作品的绘制工作后，需要使用输出设备将作品结果输出。常使用的设备就是打印机。打印机的种类包括针式打印机、彩色喷墨打印机、激光打印机和照排机等。

1）喷墨打印机

喷墨打印机因为打印效果比较好，价格又适中，而占据了大部分的打印机市场。喷墨打印机是输出插画作品的理想选择。

2）激光打印机

激光打印机相对于喷墨打印机来说成本偏高，在输出质量要求较高的情况下可选择激光打印机。

3）照排机

如果需要印刷作品，则可通过照排机制作成印刷用的四色胶片或者直接使用数字印刷机印刷。

2. 输出介质

1）纸张

大多数情况下，平面设计作品都是通过打印机输出到纸张上。纸张一般分为普通纸、专业喷墨纸和相片纸等几种类型。常用的普通纸为 70～80g，吸墨性较差，价格低，适合用于黑白稿的输出。专业喷墨纸吸墨性好但价格偏高，适合用于彩色稿的输出。相片纸较厚，光泽度高，吸墨性好，同时成本也较高。根据质量要求的不同，设计师可以选择不同的纸张进行输出。

2）喷绘画布

一些大型的户外广告设计作品则是通过大型的喷画机，用 36 或 72 点的喷画精度，喷绘在专门的户外喷绘画布上。户外喷绘画布能防日晒、雨淋，户外使用的效果较好。

3）胶片

如果需要印刷成品，可将完成的设计作品通过照排机将内容输出到透明的胶片上，然后再送到印刷厂进行批量印制。

3.4.2 印刷常识

1. 颜色模式

颜色模式一般为 RGB（红、绿和蓝）模式和 CMYK（蓝、红、黄、黑）模式两种，计算机处理通常使用 RGB 模式，印刷处理通常使用 CMYK 模式。

1）RGB 模式与 CMYK 模式

RGB 模式是加法模式。在 RGB 三色相等的情况下所呈现出的色彩为灰色。CMYK 模式是减法模式。CMYK 与 RGB 为互补色。CMYK 模式的色域范围比 RGB 模式小，其颜色没有 RGB 鲜艳。

2）专色

在印刷过程中，如果专门调制出一种颜色，并一次印刷成色，则称为专色，专色如图

3-47 所示。

专色印刷适合如下情况。

（1）在单色或双色印刷任务中使用，可以节约成本，具体应用如图 3-48 所示。

图 3-47　专色

图 3-48　双色印刷

（2）适合需要精确配色印刷图形时使用，如图 3-49 所示。

（3）适合印刷特殊颜色的情况，例如金属色、荧光色或珠光色等，如图 3-50 所示。

图 3-49　精确配色印刷图形

图 3-50　金属色

2. 网屏

在印刷时，每种颜色的油墨表现为一系列大小不一的点。每一颜色的点按一定的角度来排列，从而在视觉上产生所有可视的颜色。在印刷上把每一种颜色的点的排列称为网屏。

3. 网线频率

网频是打印灰度图像或分色稿所使用的每英寸打印机点数或网点数。网频也称为网屏刻度或线网，度量单位采用线/英寸 (lpi)。输出设备的分辨率越高，可以使用的网屏刻度就越精细（更高）。

第 4 章　吉祥物设计与制作

本章结合吉祥物设计的基础知识，以禄丰县吉祥物设计为例，向读者介绍吉祥物设计的过程以及制作的方法。

4.1　概　述

在现代商业活动中，吉祥物越来越广泛地被运用于各种领域，吉祥物形象大多亲切、可爱，用来塑造代言形象，达到备受瞩目的效果。

4.1.1　什么是吉祥物

吉祥物一词，源于法国普罗旺斯语 Mascotto，直到 19 世纪末才被正式以 Mascotte 的拼写形式收入法文词典，英文 Mascot 也由此衍变而来，意指能带来吉祥、好运的人、动物或东西。

第一个正式启用吉祥物进行宣传的是奥运会吉祥物，在第 20 届慕尼黑奥运会上，一只名为“瓦尔迪”的德国种小猎犬成为当时的吉祥物。而在美国举行的洛杉矶奥运会上，“美国小鹰”的形象使得吉祥物名声大振。吉祥物很快地在企业形象及公共形象的各种场合引用并活跃起来。“瓦尔迪”如图 4-1 所示，“美国小鹰”如图 4-2 所示。

图 4-1　吉祥物“瓦尔迪”

图 4-2　吉祥物“美国小鹰”

4.1.2　吉祥物的形式

由于吉祥物需要承载特定文化和大量信息，因此在为文化、体育、企业、产品等不同行业创意吉祥物时，必须满足该行业特征及相关背景。在造型设计上，可以从这些背景中挖掘适合的元素进行创作，用生动可爱的形态来表现其特征，形成独特的造型，以此达到吸引眼球、增强记忆的效果。吉祥物的运用范围非常广泛，表现的形式也是多种多样的，但设计思路和设计方法大致上是相同的，本章仅以下面两种类型进行介绍。

1. 文化吉祥物

在许多文化节上，都能见到各种不同类型、不同风格的吉祥物，以此作为活动的代言形象。以下主要介绍第三届国际阳明文化节吉祥物“文娃”和第四届中国凉山国际火把节吉祥物“姆乌果曲”。

1）第三届国际阳明文化节吉祥物“文娃”。

“文娃”是根据中国贵阳（修文）特产猕猴桃的外形演变而来，经过艺术加工处理设计为吉祥物主体，头部是猕猴桃叶子，表明修文优美的自然生态环境，手拿书简则表现了此项活动的文化缘起。“文娃”是修文城市文明的象征，也是阳明文化的传承者，其状活泼可爱，热情好客。吉祥物“文娃”如图 4-3 所示。

图 4-3　文娃

2）第四届中国凉山国际火把节吉祥物“姆乌果曲”。

“姆乌果曲”的意思是：在蓝天翱翔的白天鹅。彝族喜爱的吉祥物是天鹅，彝族民间及民间文学把天鹅比做善良、纯洁、团结拼搏、吃苦耐劳、勇敢腾飞和传播美好信息使者的化身和象征。所设计出来的吉祥物造型为一只手持火把喜气洋洋的白天鹅，身穿彝族服饰、披红色披毡、佩带英雄带，以黑、红、黄三色为主色调，用蓝色相衬，体现浓郁的民族特色，动态生动活泼，体现出节日狂欢的热闹气氛。吉祥物“姆乌果曲”如图 4-4 所示。

图 4-4　姆乌果曲

2. 企业吉祥物

企业在宣传过程中，通常都会通过一个平易近人的人物或拟人化的吉祥物形象来唤起社会大众的注意和好感，通过象征、寓意的手法，传达企业性格和产品的特质，进而深化企业形象的塑造。企业吉祥物的设计可以根据企业的实态、精神特质、产品特性等方面，从广为流传的神话、故事或与企业发展有关联的人或物，以及象征企业精神和企业形象的动植物中选择题材，经过巧妙的构思，设计出富于创造性的具有表现力的形象。以下主要介绍广东梅河高速公路有限公司吉祥物“优优”和徐州卷烟厂吉祥物“小松鼠”。

1）广东梅河高速公路有限公司吉祥物“优优”。

梅河高速是一条充满希望的致富路、奔康路，所穿越的区域是客家人栖息之地，具备深厚的客家文化底蕴。梅河高速的建成通车将成为客家文化的大动脉，促进沿线旅游景点的开发建设，缓解由于地理劣势造成的交通“瓶颈”制约，极大地改善粤东北山区的投资环境，拉动沿线地区经济快速发展。客家人一直视麒麟为吉祥物，麒麟的外表形状象龙头、鹿身、马蹄、牛尾、狼额，身上披五彩麒甲，身长 1 丈 2 尺，可为人们排灾解难。传说中麒麟脚趾踩过的地方，就为那里的人们带来幸运，故有“麒趾呈祥”之说。这正和梅河高速建设的意义相符，为梅河高速增加了丰富的文化内涵。将吉祥物设计为麒麟的造型，代表梅河公司的企业形象，体现梅河人的精神风貌。

吉祥物“优优”的造型蕴涵深意、天真活泼，如图 4-5 所示。

图 4-5　优优

2）徐州卷烟厂吉祥物“小松鼠”

徐州卷烟厂的吉祥物是一只充满灵性的松鼠， 松鼠生活在树上，与树相依，而徐烟的著名品牌“红杉树”恰以树的形象与它形成了内在的关联。红杉树高大、挺拔，伫立于天地之间，松鼠小巧、轻盈，跳跃于其间。两者一大一小，一动一静，相互对应。

整个吉祥物以红色为主要基调，突出了松鼠的灵动与生命力。红色是极具视觉冲击力的颜色，同时又与企业的标准色相呼应，形成完整统一的视觉形象。动态活泼、跳跃。吉

祥物效果如图 4-6 所示。

图 4-6　小松鼠

3. 其他吉祥物

图例效果如图 4-7、图 4-8 所示。

图 4-7　吉祥物“MM”豆

图 4-8　动画城吉祥物

4.2　禄丰县的吉祥物设计

禄丰县的吉祥物设计属于城市吉祥物设计，与运动会吉祥物设计、产品吉祥物设计等一样，其目的都是为了更好地进行宣传，达到加深印象的目的。

4.2.1　项目背景及分析

恐龙在地球上生存了近 1.5 亿年之久，最后却神奇地灭绝了，今天所知有关恐龙的一切，都是由恐龙化石得来的。禄丰县是目前所知的发现恐龙化石数量最多、个体最为完整、属种最丰富的地区，所以被誉为“恐龙之乡”。

在众多的恐龙化石中，有一种恐龙化石被发现于中国云南禄丰，被命名为“禄丰龙”。

因此，将“禄丰龙”作为禄丰县的吉祥物，突出了禄丰县的自身特色，容易使人产生联想、便于记忆。禄丰龙的形象特征如图 4-9 所示。

图 4-9　禄丰龙

4.2.2　创意

现代吉祥物的造型特征多为亲切可爱。根据禄丰龙本身的特点，将其进行夸张变化，使用简洁的线条和明快的色彩来表现。为了更容易实现恐龙的立体效果，本例选择使用 Photoshop 来进行绘制。

在进行“禄丰龙”吉祥物设计时，主要是从造型、色彩以及环境和背景的运用三个方面考虑的。

- 造型。为吉祥物设计多个造型，不同的延展姿势会强化其个性和感召力，使形象更加深入人心。
- 色彩。吉祥物可以不用真实色彩来表现，为了强化“禄丰龙”吉祥物的特征，本例将以蓝色来表现，使其更为自然、亲切和别致。
- 环境和背景的运用。在设计吉祥物时，还应该考虑吉祥物在不同场合和环境下的使用效果，设定一系列应景的情节，会使吉祥物显得更为生动。

4.2.3　草图

根据创意构思，将恐龙的造型进行夸张变化，设计为拟人化的表情和动态，表达出可爱和生动的形态特征。绘制出的造型原形如图 4-10a 所示。当原形设计达到预期效果时，即可为原形增加几个动态造型，增加的动态造型如图 4-10b、4-10c、4-10d 所示。

a）恐龙造型原形

b）动态造型 1

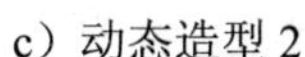

c）动态造型 2

d）动态造型 3

图 4-10　造型草图

4.2.4　线条处理

以原形为例，将草图进行线条处理，处理方法可参考第 3 章 数字插画设计的一般步骤→3.2.3 线条处理。复制线条时需要特别注意线条的简洁和光滑，各个区域的线条尽量闭合，这样能为后期计算机上色带来更多的方便，也容易表现效果。处理后的线条效果如图 4-11 所示。

a）原形线条

b）动态造型 1 的线条

c）动态造型 2 的线条

d）动态造型 3 的线条

图 4-11　线条处理

4.3 草图数字化

草图数字化通过以下几个步骤来实现。

4.3.1 输入计算机

1. 扫描

（1）把处理过的线条画面放入扫描仪中，启动 Photoshop CS。

（2）选择“文件”→“置入”命令。

（3）在扩展的菜单中选中扫描仪，并在弹出的窗口中设置扫描属性（设置为灰度扫描）和设置画面的精度（以原大尺寸制作印刷品不能低于 300dpi）。

（4）单击预览，在预览窗口中调整扫描范围，如图 4-12 所示。

（5）单击【扫描】按钮，扫描结果如图 4-13 所示。

图 4-12 扫描设置

图 4-13 扫描结果

2. 存储文件

（1）选择“文件”→“存储”命令,弹出“存储为”对话框，为文件命名为“恐龙吉祥物原形”。

（2）单击“保存位置”的下拉按钮，在弹出的下拉列表中单击“桌面”。

（3）在桌面上单击鼠标右键，在弹出的下拉菜单中选择新建文件夹，如图 4-14 所示，为新的文件夹命名为“禄丰吉祥物”。

（4）单击“禄丰吉祥物”文件夹，单击【打开】按钮，进入到“禄丰吉祥物”文件夹。

（5）选择文件格式为“*.jpg”，单击【保存】按钮。文件“恐龙吉祥物原形.jpg”被存入“禄丰吉祥物”文件夹中，如图 4-15 所示。

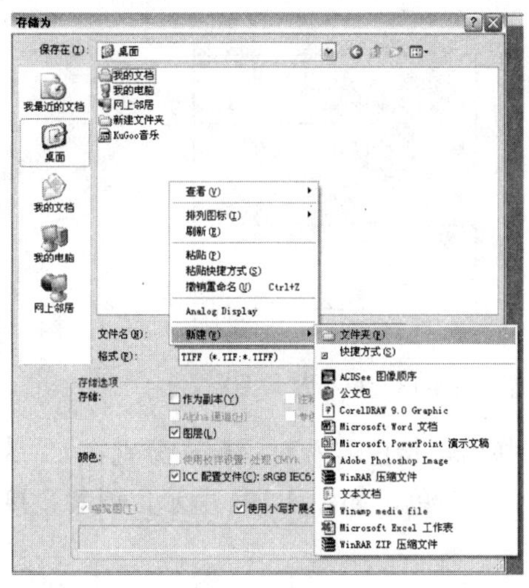

图 4-14　新建文件夹

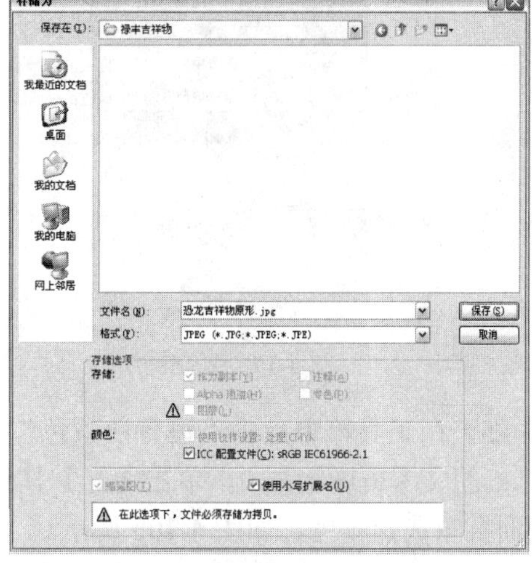

图 4-15　存储文件

4.3.2　计算机线条处理

（1）在 Photoshop CS 中打开文件“恐龙吉祥物原形.jpg”。

（2）单击图层面板右上角的三角形下拉按钮，在弹出的下拉菜单中单击“复制图层（Duplicate Layer）”，如图 4-16a 所示；弹出“复制图层”对话框，如图 4-16b 所示。

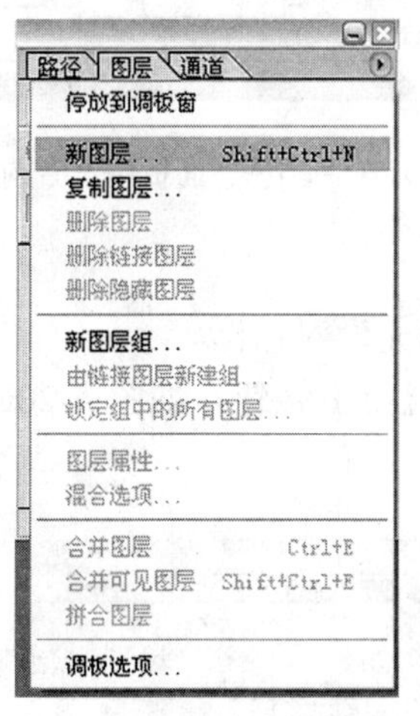

a）图层下拉菜单

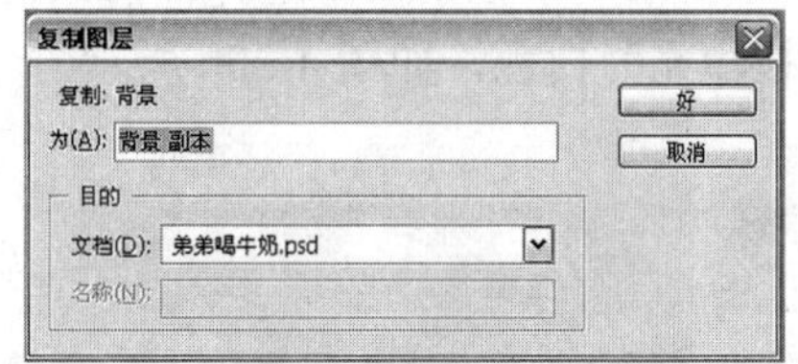

b）复制图层对话框

图 4-16　复制图层

（3）单击【好】按钮，生成一个“背景 副本（Background copy）”图层，如图 4-17 所示。

（4）单击“背景”图层，如图 4-18 所示。

图 4-17　复制图层

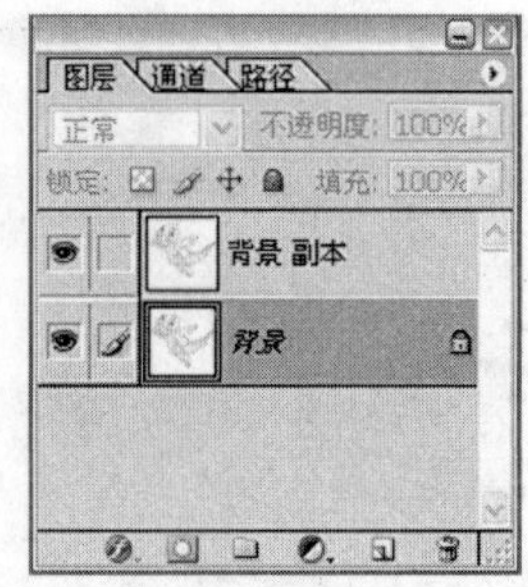

图 4-18　单击背景图层

（5）在工具箱中点击“设置前景色”工具，弹出“拾色器”对话框，分别在 C：M：Y：K：的文本框中输入 0，单击【好】按钮，颜色为白色，如图 4-19a 所示，或者直接在颜色面板中选择颜色，如图 4-19b 所示。

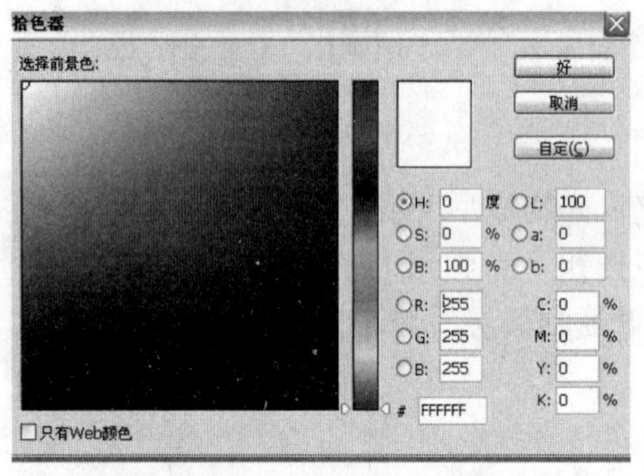

a）在“拾色器”中设置前景色

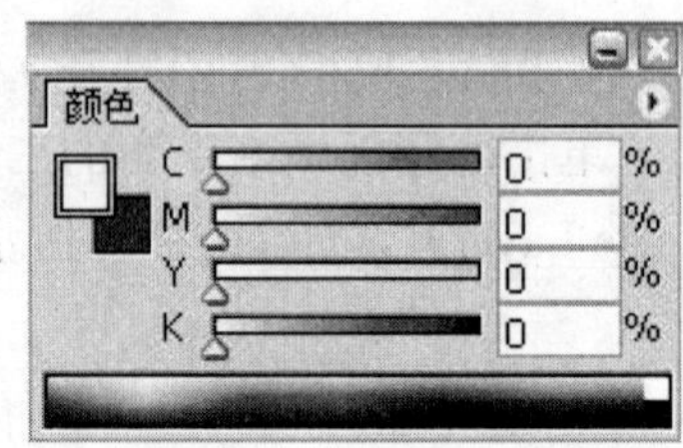

b）在“颜色”面板中设置前景色

图 4-19　设置前景色

（6）选择“编辑”→“填充”命令，弹出一个“填充”对话框。

（7）在“使用”下拉列表中选择“前景色”，单击【好】按钮，如图 4-20a 所示，此时背景图层被填充为白色，如图 4-20b 所示。

a）填充对话框

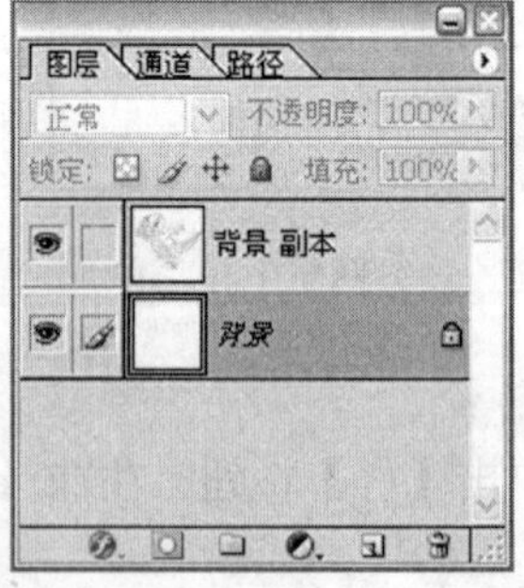

b）背景图层

图 4-20　使用前景色填充图层

（8）单击“背景 副本”图层。

（9）在工具箱中选择“毛笔工具”。

（10）选择“窗口”→“画笔”命令，弹出“画笔”面板，如图 4-21 所示。

（11）在 Brush 面板中调整笔刷大小和软硬度，在画面上清除较为明显的杂质（此时前景色为白色），如图 4-22 所示。

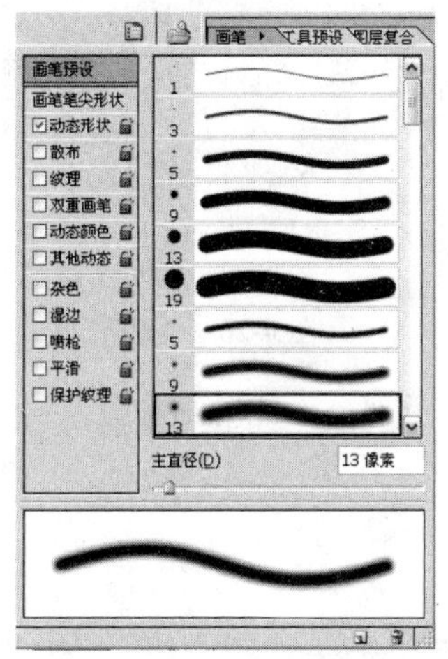

图 4-21　画笔面板

图 4-22　清除明显的杂质

（12）选择“图像”→“调整”→“亮度和对比度”命令，弹出“亮度和对比度”对话框。

（13）在对话框中输入数值或移动三角形图标来增强画面对比度和亮度，可以淡化画面杂质和使线条部分更为清晰，单击【好】按钮，如图 4-23 所示。

（14）选择“选择”→“色彩范围”命令，弹出“色彩范围”对话框，如图 4-24 所示。

图 4-23　调整亮度和对比度

图 4-24　色彩范围对话框

（15）在“选择”下拉列表中选择“取样颜色”。

（16）把光标移至画面，吸取图片中的黑线条，根据效果拖动“颜色容差”滑块调整数值范围，单击【好】按钮，如图 4-25 所示。

（17）选择“选择”→“反选”命令，如图 4-26 所示。

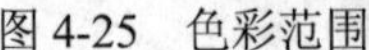

图 4-25　色彩范围

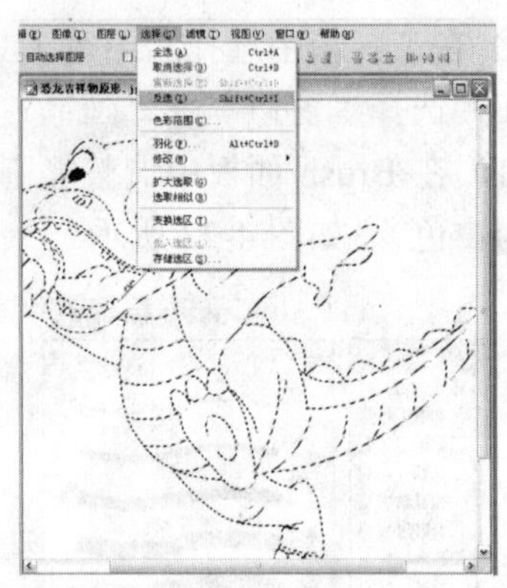

图 4-26　反选

（18）选择“编辑”→“删除”命令，删除画面白色部分，此时画布显示仍为白色，关掉背景图层，即显示为透明图层的线条效果，如图 4-27 所示。

（19）重做反选动作，黑线条被选取，如图 4-28 所示。

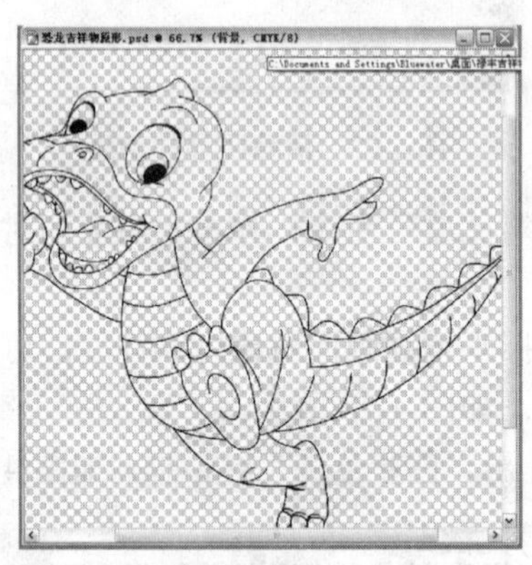

图 4-27　删除画面白色部分

图 4-28　选取线条

（20）选择“选择”→“存储选区”命令，弹出存储选区对话框。

（21）在对话框中更改通道名字为“线条”，单击【好】按钮，线条被存入通道，便于后期更改线条颜色或样式，如图 4-29 所示。

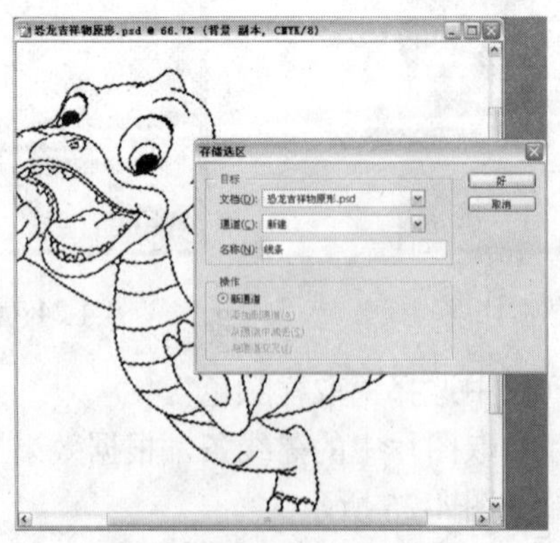

图 4-29　存入通道

（22）储存文件。

4.4　上　色

吉祥物的上色方法有很多种，不同的上色方法所产生的效果也不一样，如图 4-30 所示。

a）弱化线条的自然渐变效果

b）平色效果突出线条变化

c）匀称的线条及简单的色彩表现

d）写实效果

e）光滑、匀称的线条及平色效果

f）绘画效果突出

g）简洁的色彩效果

h）改变线条色彩突出光滑的效果

图 4-30　不同色彩效果的吉祥物

根据创意构思，本节将恐龙吉祥物设定为蓝色调。色彩简洁明快，由于色彩较为单一，因此在上色时一定要处理好主次关系，明确孰轻孰重。大面积、小面积和装饰点缀之间的关系是吉祥物色彩设计的要点。

4.4.1　色彩模式

印刷所使用的色彩模式一般为 RGB 模式和 CMYK 模式两种。

1. RGB 模式

RGB 模式是加法模式。在 RGB 三色相等的情况下为灰色。大部分可见光都能从 RGB 的色域范围中得到。

2. CMYK 模式

CMYK 模式是减法模式。CMYK 与 RGB 为互补色。由于 CMYK 在实际中不能形成黑色，所以需要添加黑色，而形成 CMYK 模式。由于 CMYK 模式的色域范围比 RGB 模

式小，所以它的颜色没有 RGB 鲜艳。

绘制吉祥物时需要根据其用途来决定所使用的色彩模式，一般情况下，用于印刷输出较多使用 CMYK 模式，在网页上则以 RGB 模式显示。

4.4.2　上色方法

1. 填充颜色

（1）打开文件文件“恐龙吉祥物原形.jpg”。

（2）在工具面板中选择“设置前景色”，在弹出的对话框中设置相应数值，也可以用鼠标在“选择前景色”区域或色彩滑条上拖动来选择需要的颜色，单击【好】按钮，如图 4-31 所示。

（3）在工具箱中选择“油漆桶工具”，在恐龙的头部和身子部分单击，填充为蓝色，填充效果如图 4-32 所示。

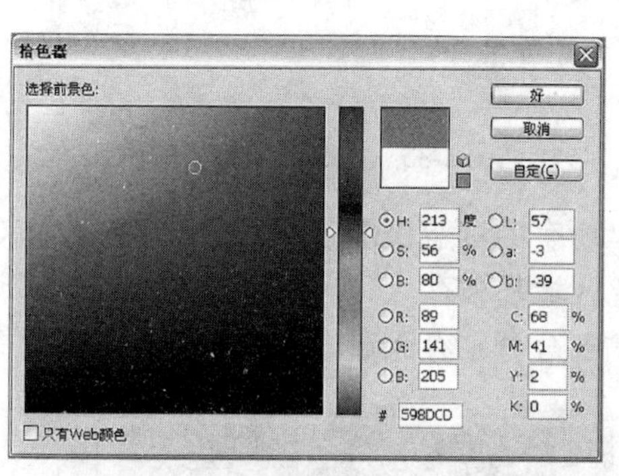

图 4-31　设置前景色

图 4-32　填充颜色

（4）按照同样的方法为其他部分填充颜色，填充效果如图 4-33 所示。

图 4-33　填充颜色

2. 存储选区

把画面各部分分别存入选区是为绘制画面细节等工作做好准备，由于画面颜色区域划分较明显，可以将同一色彩存储为一个选区，可加快上色的速度，存储选区的过程如下。

（1）选择魔棒工具，在导航栏上观察“连续的”前的方框状态，如果方框内为“打勾”状态，则只能选取单个闭合路径内的区域，如图 4-34 所示。

说明：如果继续在方框内点击，出现“勾”被取消的状态时，用魔棒工具点击某一颜色，就可以将画面中所有相同的颜色同时选取，如图 4-35 所示。

图 4-34 选取单个闭合区域

图 4-35 同时选取相同颜色

（2）使用上面所阐述的方法选取恐龙身上所有的深蓝色部分，并把它存入通道（存储方法与线条存储方法相同）。这时，所有深蓝色区域都被存入同一个通道，如图 4-36 所示。

（3）用同样的方法把画面其他不同颜色的部分分别存入通道，各通道如图 4-37 所示。

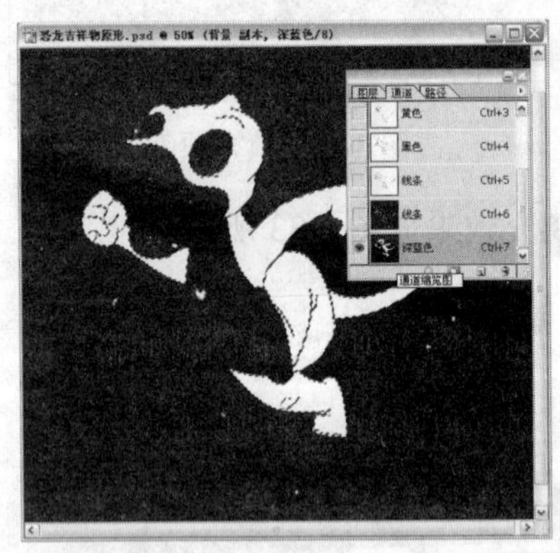

图 4-36 将深蓝色部分存入通道

图 4-37 其他通道

3. 绘制画面细节

1）铺色调

（1）选择“窗口”→“通道”命令，弹出“通道”面板，如图 4-38 所示。

（2）按住 Ctrl 键的同时用鼠标单击深蓝色部分的通道，深蓝色部分被选取，如图 4-39 所示。

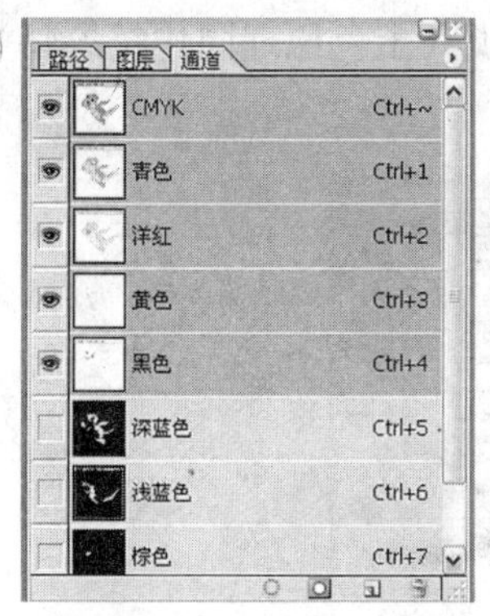

图 4-38　“通道”面板

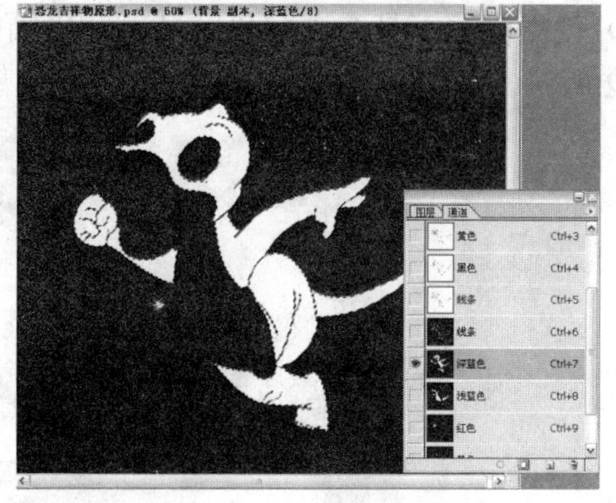

图 4-39　用通道选取深蓝色部分

（3）选择“窗口”→“图层”命令或单击面板上的图层选项，打开图层面板，单击“背景 副本”图层，如图 4-40 所示。

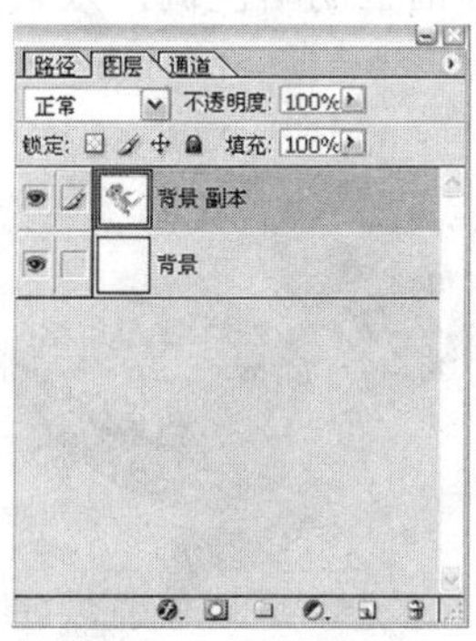

图 4-40　图层面板

（4）在工具箱中选择画笔工具，选择“窗口”→“画笔”命令，弹出“画笔”面板，如图 4-41a 所示，在面板中调整出适合的画笔，如图 4-41b 所示。

a）选择画笔面板

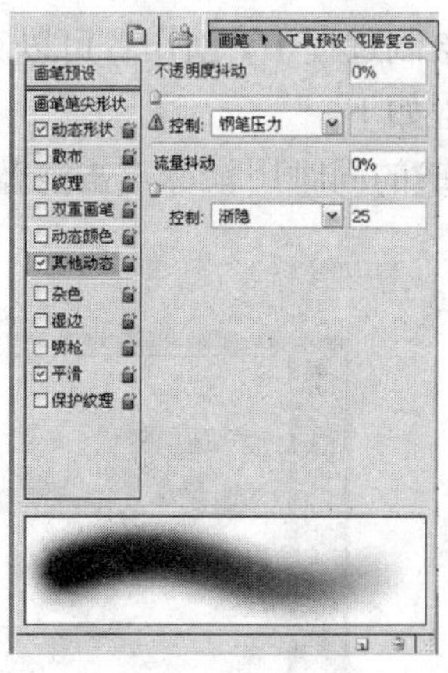

b）“画笔”面板

图 4-41　选择画笔

（5）使用画笔工具在深蓝色区域里铺出画面明暗色调（上色原理同传统绘画类似），如图 4-42 所示。

图 4-42　为深蓝色部分铺色调

（6）用同样的方法为其他部分铺上明暗色调，效果如图 4-43 所示。

图 4-43　铺明暗色调的效果

2）细节调整

在细节部分的绘制过程中，创作者可以充分的使用画笔功能，绘制出理想的画面效果。

绘制细节的过程如下。

（1）按下 Ctrl 键的同时用鼠标点击深蓝色部分的通道，深蓝色部分被选取，如图 4-44 所示。

图 4-44　选取“深蓝色”的通道

（2）调整不同的颜色和笔触效果绘制，使恐龙的身体具有丰富的层次感并显得更为饱满和光滑，体现亲切可爱的形象。在绘制时要控制好画笔的大小及软硬度，画笔大小和软硬度的参数设置要根据恐龙各个部位的不同特征进行变化，才能绘制出理想的效果，效果如图 4-45 所示。

图 4-45　细节效果

4.4.3　改变线条颜色

（1）按下 Ctrl 键的同时用鼠标单击线条通道，线条被选取，如图 4-46 所示。

图 4-46　选取线条

（2）使用毛笔工具，选择与吉祥物相近的颜色，在线条上进行绘制，如图 4-47 所示。

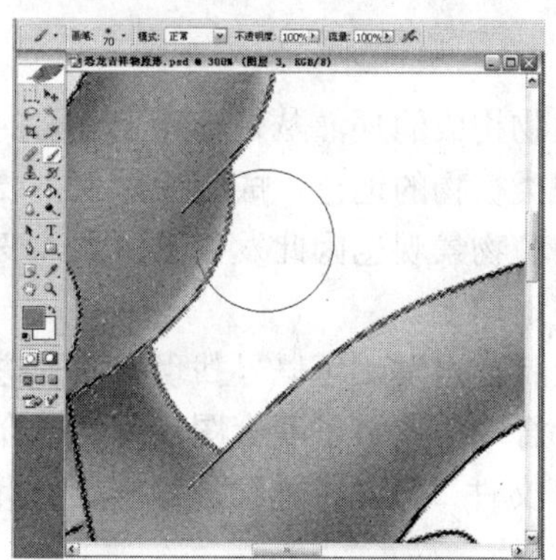

图 4-47　改变线条颜色

（3）线条的处理使画面效果显得更为协调，全部完成的效果如图 4-48 所示。

图 4-48 着色完成效果

（4）用同样的上色方法将其他动态绘制完成，效果如图 4-49 所示。

a）动态造型 1

b）动态造型 2

c）动态造型 3

图 4-49 最后效果

4.5 后期效果

将吉祥物造型运用于各种不同场合的背景或制作特效，都能使吉祥物更为生动，更加拟人化。适合的背景可更好地衬托出吉祥物的个性特征。

4.5.1 背景合成

在恐龙时代早期，蕨类植物构成的矮灌丛是地球上主要的植被。后来，高大的针叶树林和低矮的苏铁丛林取代了蕨类植物的地位，成为地球上主要的植物景观。不久后，第一批显花植物出现了，地球上的植物景观也因此发生了巨大改变。恐龙当时赖以为生的许多植物和花朵，今天依然存活在地球上。

因此，背景设计就从以上特征出发，可以寻找现有图片进行合成，也可以自己创作并绘制出来，通过计算机来进行合成。本节以现有图片为例，介绍背景合成的方法。

（1）在 Photoshop 中打开文件“恐龙吉祥物原形.psd”，此时背景图层为白色，恐龙造型在透明图层上，如图 4-50 所示。

图 4-50　透明图层

（2）在 Photoshop 中打开准备好的背景图片，本节选用实景背景和绘画背景作为对比来衬托恐龙吉祥物的效果，如图 4-51 所示。

a）实景背景图

b）绘画背景图

图 4-51　背景图片

（3）选择“移动”工具，在背景图片上并按住鼠标不放，将画面拖至文件“恐龙吉祥物原形.psd”上，如图 4-52 所示。

图 4-52　合成方法

（4）调整背景画面和恐龙的大小及位置至理想效果，如图 4-53 所示。

a）背景合成 1　　　　b）背景合成 2

图 4-53　背景合成效果

4.5.2　效果处理

在 Photoshop 中可以制作各种各样的特殊效果，本章仅以光照效果为例，向读者介绍制作的过程和技巧。

（1）Photoshop 滤镜大多数功能只能在 RGB 模式下进行，选择“图像”→“模式”→“RGB 模式”，文件将转化为 RGB 模式，转换方法如图 4-54 所示。

（2）单击图层面板右上角三角形图标，在弹出的下拉菜单中选择“合并可见图层”，将图层进行合并，如图 4-55 所示。

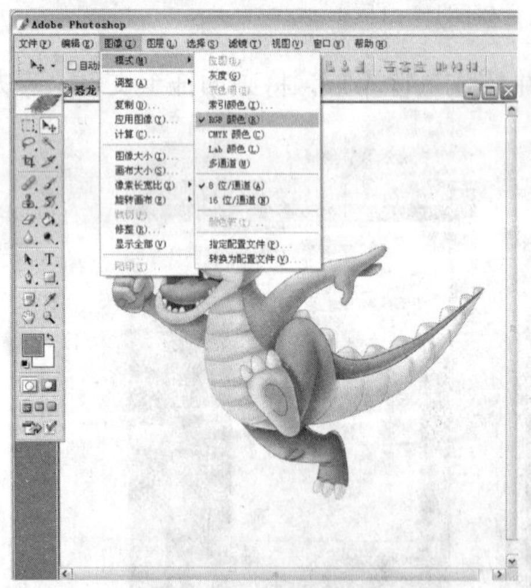

图 4-54　RGB 模式

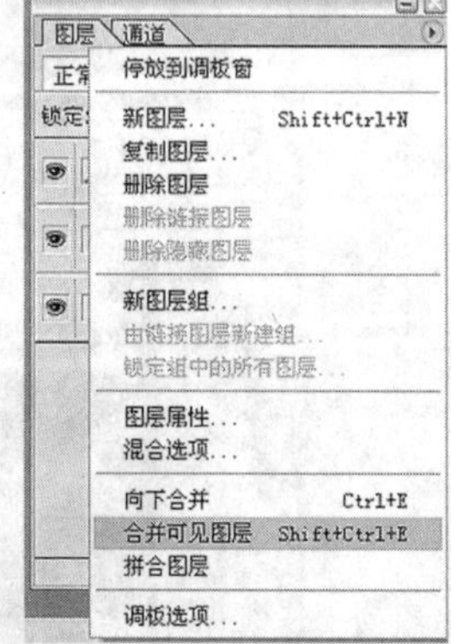

图 4-55　合并图层

（3）选择“滤镜”→“渲染”→“光照效果”，弹出“光照效果”对话框，如图 4-56 所示。

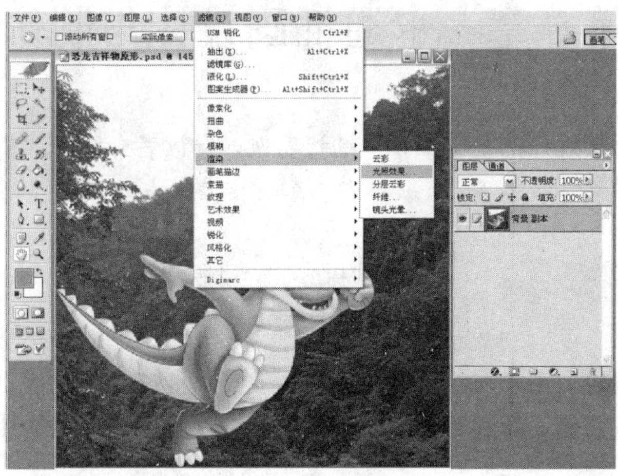

图 4-56　光照效果

（4）对“光照效果”对话框进行参数设置，如图 4-57 所示。

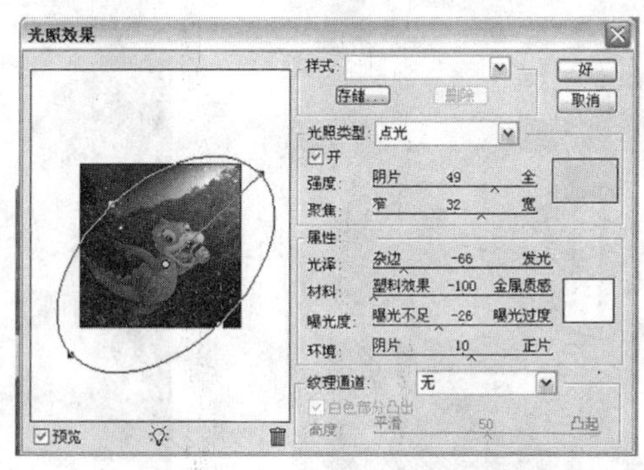

图 4-57　“光照效果”参数设置

（5）设置后的效果如图 4-58 所示。

a）光照效果 1

b）光照效果 2

图 4-58　修饰效果

第 5 章　卡通插画设计与制作

本章结合卡通插画设计的基础知识，通过实例，向读者介绍卡通插画设计的过程以及制作的方法。

5.1　概　　述

卡通风格的插画较多用于书籍或刊物的插图以及商业广告招贴等，通过卡通的轻松、活泼来体现其可爱、诙谐、亲和等风格定位。书籍或刊物中的卡通插图以及商业广告招贴如图 5-1 所示。

a）卡通书籍插画

b）卡通广告招贴

图 5-1　卡通插画

5.1.1　什么是卡通

卡通是英文 Cartoon 的音译，通俗地讲，卡通是卡通动画的简称，和“纪录片”、“剧情片”一样，是电影的类型之一。作为一个外来词语，卡通是伴随着动画影片传到中国来的。人们提到的卡通，通常是动画影片，也称卡通片。画在纸上、登在报上的卡通作品，叫卡通画或漫画。卡通要求造型夸张与变形，所包含的形式要比通常意义上的漫画还要广泛，强调讽刺、机智和幽默，可附加文字也可无文字说明。例如美国影片《恐龙》、《狮子王》、《玩具总动员》等卡通片，由于其轻松、幽默的特征已被各年龄层次的人们广泛接受并喜爱。这些影片画面如图 5-2 所示。

a)《恐龙》

b)《狮子王》

c)《玩具总动员》

d)《加菲猫》

图 5-2　美国卡通片

随着卡通的发展和影响，各种各样的卡通形像不断渗透到人们的日常生活中，从听看说唱、吃喝玩乐到衣食住行，到处都能看到卡通的身影。常见的有玩具、文具、服装等。卡通让这些产品更显别致。卡通文化对于那些追求时尚和个性的青少年有很大的吸引力。卡通产品如图 5-3 所示。

a）卡通玩具

b）卡通饰品

c）卡通抱枕

d）卡通仔

e）卡通 T 恤

f）M.A.C 的卡通润色护唇膏

图 5-3　卡通产品

5.1.2　什么是卡通插画

卡通插画就是指采用卡通风格绘制的插画。创作者通常是将卡通造型设计成具有个性、富有亲和力的形象，这种形象特征能使要表现的主题生动、有趣。效果如图 5-4 所示。

a）动画片《虫虫特工》

b）动画片《花木兰》

c）《机器猫》

d）《海贼王》

e）幽默卡通画

f）日本卡通画

图 5-4　卡通插画

5.2 卡通插画绘制方法

创作卡通插画的过程是多种多样的，通常情况下，需要经过草图→线条→计算机绘制的过程，而本章所介绍的方法是草图→计算机绘制的过程，节省了处理线条的步骤，这种方法更适合于绘画基础相对薄弱的读者。这种风格的插画效果如图 5-5 所示。

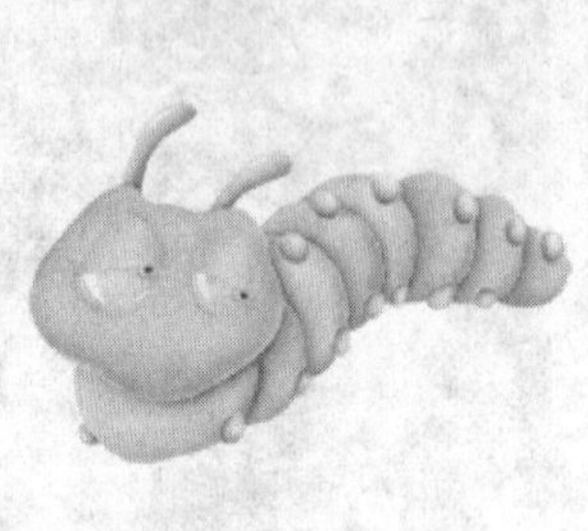

a） 少儿读物插画——虫子

b）少儿读物插画——白菜

图 5-5 少儿读物插画

5.2.1 创意构思

本例所介绍的插画，是用于装饰书籍版面的插画，能起到美化书籍版式和营造阅读氛围的作用。这种风格的插画适合于在少儿读物、休闲读物等类型的书籍和刊物中使用。本例通过夸张生动的造型以及明亮的色彩来表现画面形象，产生特殊的视觉效果。将插画主体物设定为螃蟹，背景为植物和花草。

5.2.2 草图

由于不需要考虑画面线条，因此可以将整个画面拆分为不同的组件，分别进行绘制，这种绘制方法的好处是可以对画面进行自由组合及调整。通常情况下，画面都由主体物和背景构成。在此例中，主体物为螃蟹，背景由植物和花草等不同组件构成，螃蟹的草图效果如图 5-6 所示，其他组件的草图效果如图 5-7 所示。

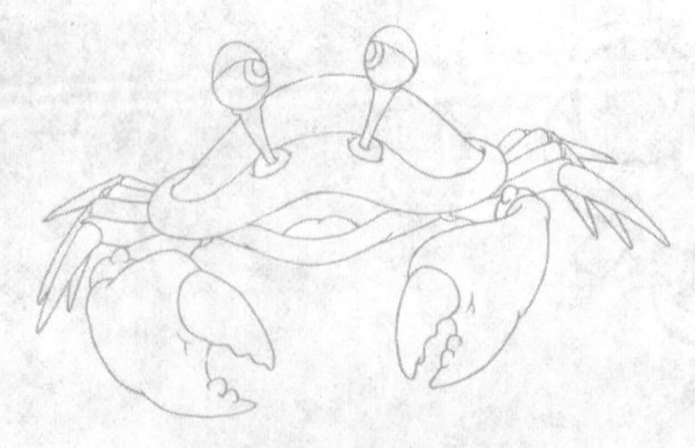

图 5-6 主体物草图

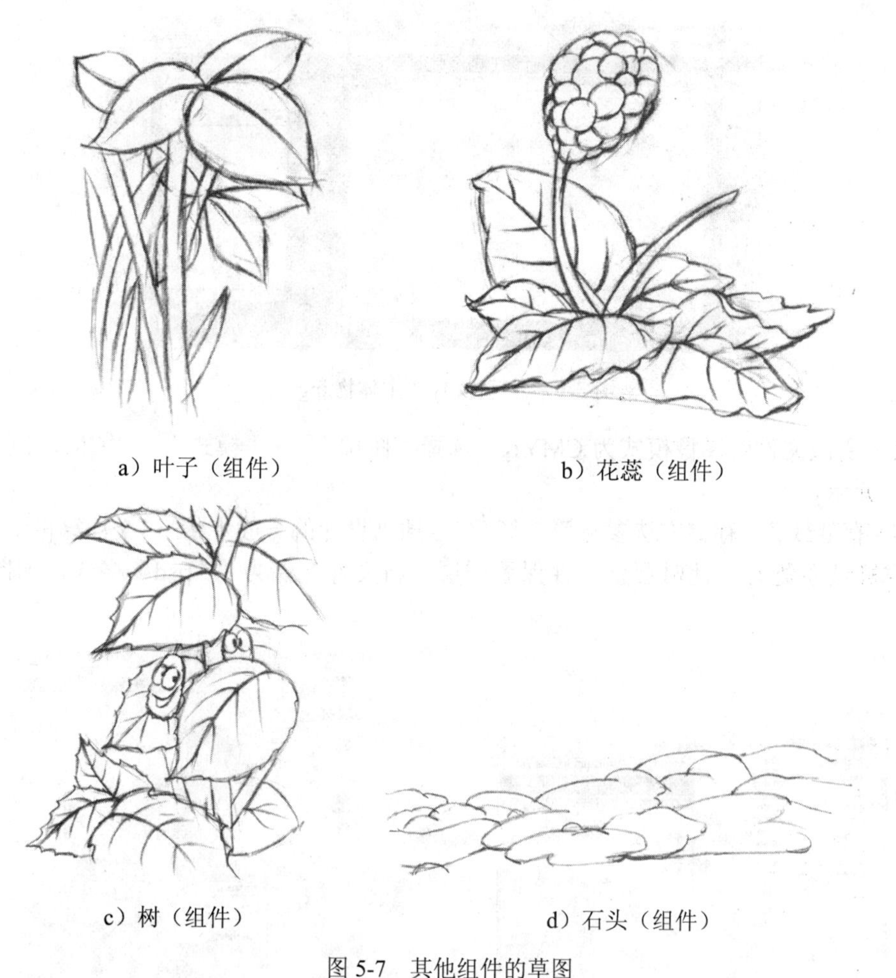

a）叶子（组件）　b）花蕊（组件）

c）树（组件）　d）石头（组件）

图 5-7　其他组件的草图

5.3　草图数字化

与其他绘制方法一样，同样需要先将草图输入计算机，然后再进行绘制。

5.3.1　输入计算机

可以直接将草图进行扫描并输入计算机，然后进行存储，将主体物草图文件命名为“主体物.jpg”、将其他背景组件分别命名为“叶子.jpg”、“花蕊.jpg”、“树.jpg”、“石头.jpg”。（输入方法详见第 3 章 数字插画设计的一般步骤→3.3 草图数字化）

5.3.2　分层制作封闭路径区域

由于要体现画面精致程度，因此需要在不同的图层上将画面分割为单个区域，分割得越精细，画面就越精致。分割的方法有很多种，一般选择钢笔工具将物体进行勾画。绘制方法如下。

（1）在 Photoshop 中打开草稿文件“主体物.jpg”如图 5-8 所示。

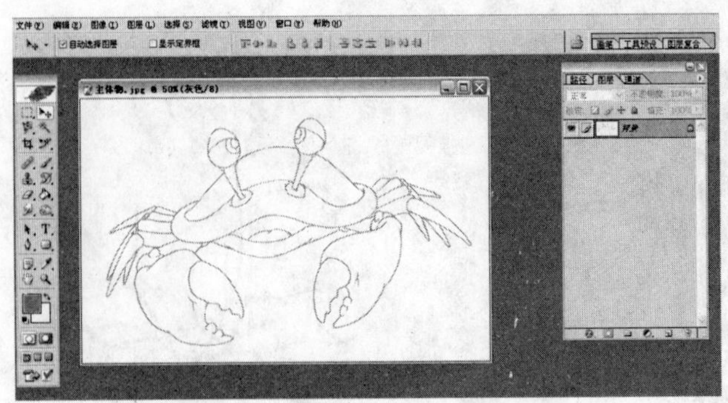

图 5-8　打开文件“主体物.jpg”

（2）更改文件的图像模式为 CMYK。选择“图像” →“模式”→“CMYK 颜色”，如图 5-9 所示。

（3）存储线条。存储方法参见第 3 章 数字插画设计的一般步骤→3.3 计算机线条处理→3.计算机线条处理，此时要使文件保留图层，将文件存储为“*.psd”格式，如图 5-10 所示。

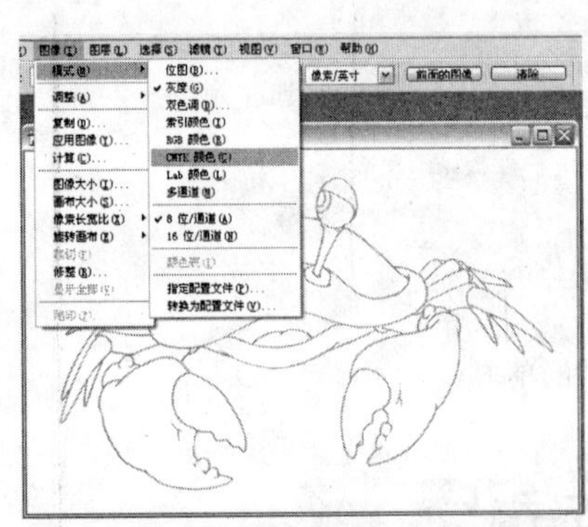

图 5-9　更改图像模式

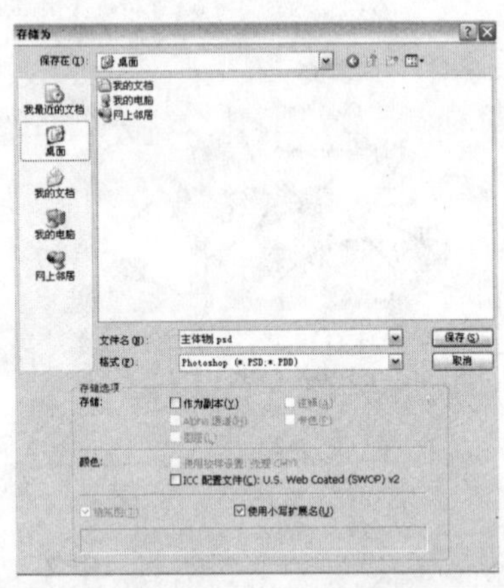

图 5-10　存储文件

（4）在工具箱中选择“钢笔工具”，如图 5-11 所示。

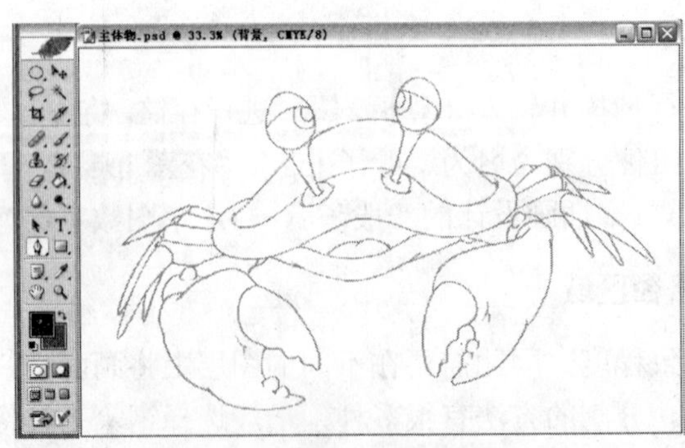

图 5-11　选择“钢笔工具”

（5）将画面放大，观察画面各个闭合区域，将这些区域分割并存于不同的图层上。如图 5-12 所示，显示为选区的这一部分区域为闭合区域。

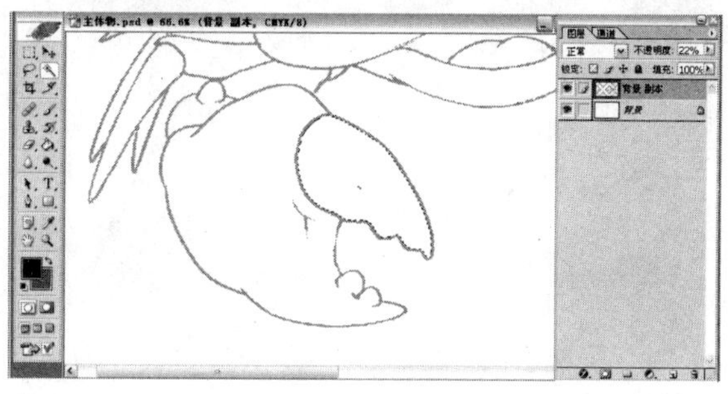

图 5-12　闭合区域

（6）用钢笔工具沿线条从起点开始勾画这个闭合区域，如图 5-13 所示。

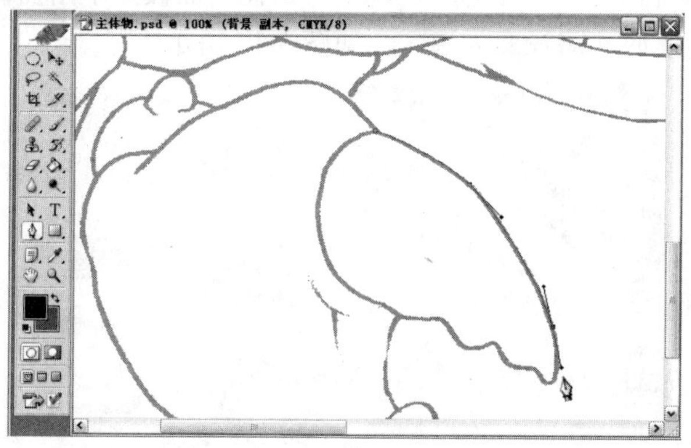

图 5-13　用钢笔工具勾画

（7）当钢笔节点又回到起点的时候，出现一个带圆圈图形的钢笔工具，代表为一个闭合路径区域，如图 5-14 所示。

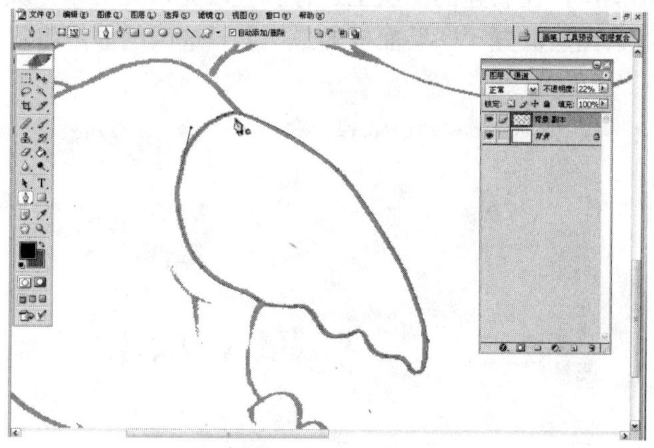

图 5-14　出现带圆圈的钢笔工具

（8）在起点上点击，出现一个闭合区域的路径（黑色细线），如图 5-15 所示。

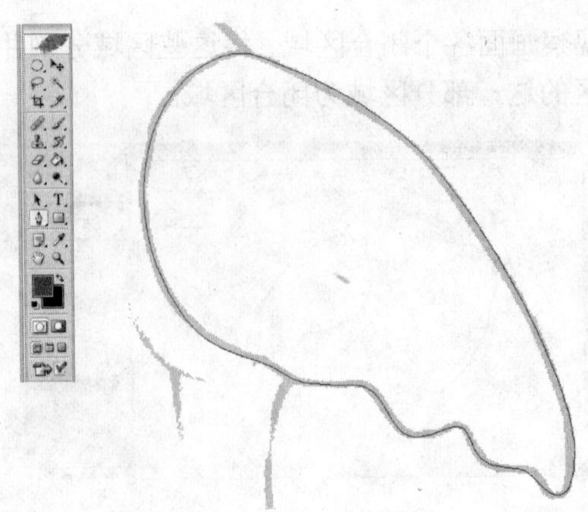

图 5-15　闭合区域的路径

（9）选择菜单“窗口”→“路径”，弹出“路径”面板，单击面板下方的“将路径作为选区载入”按钮，此时，路径变为选区，如图 5-16 所示。

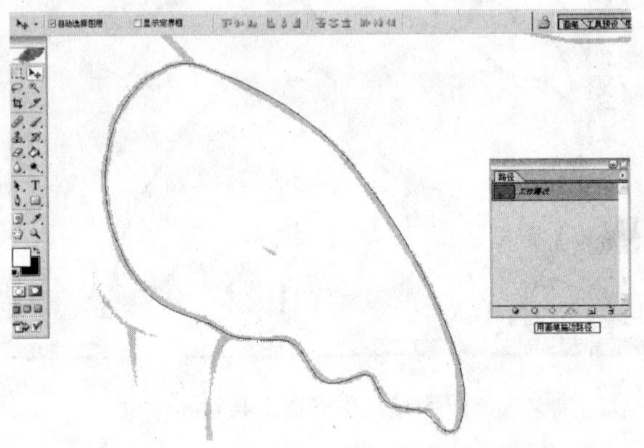

图 5-16　路径变为选区

（10）新建一个图层，在新建的图层上进行颜色填充，此时填充颜色的目的是为了方便选取及修改，使线条图层放置于图层面板的最上层，选区的显示将更为明显，如图 5-17 所示。

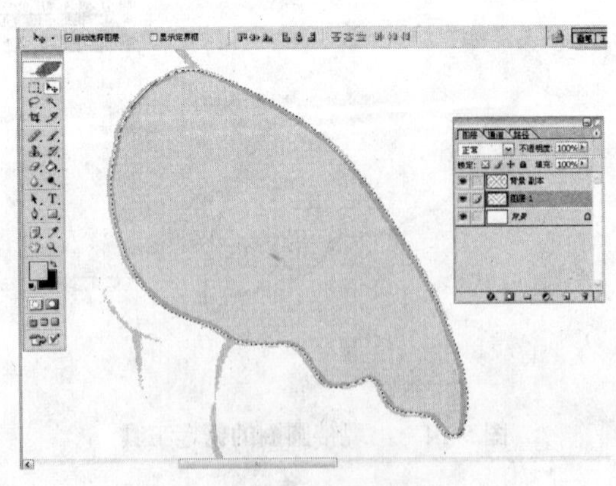

图 5-17　颜色填充

（11）选择不相邻的区域制作一组闭合路径，使之位于同一个图层，效果如图 5-18 所示。

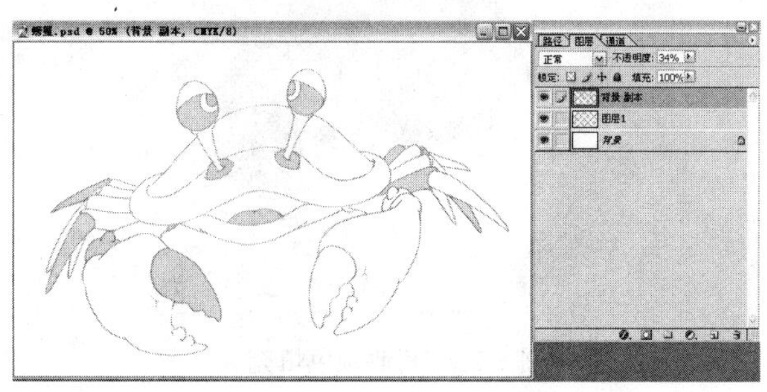

图 5-18　选择不相邻的区域制作闭合路径

说明：分割选区的时候可用任意颜色替代，当所有选区绘制完成后再更换理想颜色。

（12）新建一个图层，继续使用钢笔工具制作第二组闭合路径区域，如图 5-19 所示。

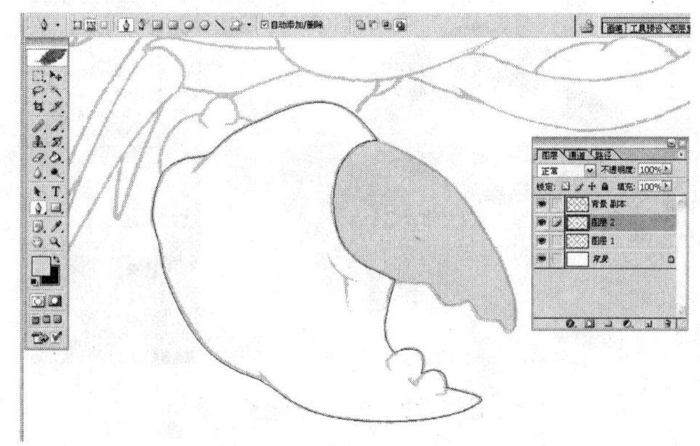

图 5-19　制作第二个闭合路径区域

（13）将第二组路径区域制作为选区，填充颜色，使之与第一个路径颜色有所区别，便于后期绘制，如图 5-20 所示。

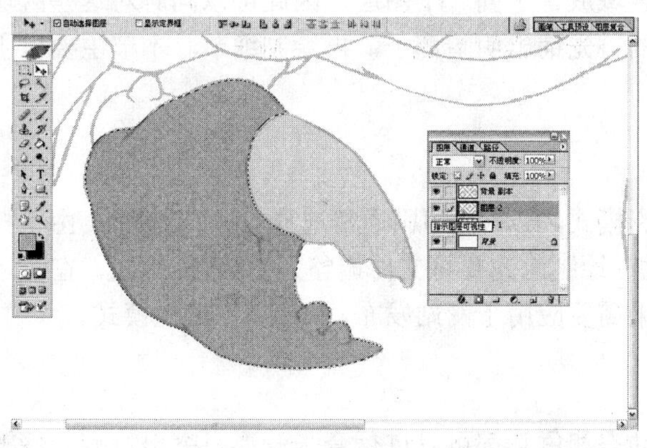

图 5-20　颜色填充

（14）按照同样的方法制作其他闭合路径区域，并填充颜色，效果如图 5-21 所示。

图 5-21　其他颜色填充

观察图 5-12，可以发现，凡不相邻的区域可以设置为同一个颜色并放置于同一个图层，便于绘制并且还可以有效压缩文件大小。观察图层与选区的关系，如图 5-22 所示。

图 5-22　图层与选区

5.4　上　色

由于把不相邻的区域放置于同一个图层，因此可以同时对这些区域绘制颜色，上色原理与传统绘画是一样的，先铺出明暗调子，再绘制细节。本节主要以主体物螃蟹为例，介绍上色的一些技巧。

5.4.1　色彩模式

根据需要选择色彩模式，出版物印刷通常选择 CMYK 模式，由于扫描时文件会自动设置为 RGB 模式，因此在绘制前先要将文件调整为 CMYK 模式，在显示器上显示的颜色效果接近于印刷色。如果需要应用于网站发布，则使用 RGB 模式。

5.4.2　色彩搭配

在卡通造型中，动态和色彩都可以进行夸张变形，突出特点。螃蟹的颜色为深色，不容易表现，因此考虑用金黄色来表现，使螃蟹显得更为亲切和可爱。

由于没有线条，不能明显区分各个区域，因此在调整颜色时使各区域色彩稍有变化，

便于观察和绘制。调整后的效果如图 5-23 所示。

图 5-23　颜色调整

5.4.3　上色方法

1. 主体物螃蟹

（1）按下 Ctrl 键不放，用鼠标单击蟹钳的图层，图层中的所有内容被同时选取，如图 5-24 所示。

图 5-24　选取图层

（2）在选区中使用画笔工具进行绘制，调整笔触软硬度，画笔越软，绘制的画面效果就越光滑。画笔调整如图 5-25 所示。

（3）选择较深的颜色绘制暗部，效果如图 5-26 所示。

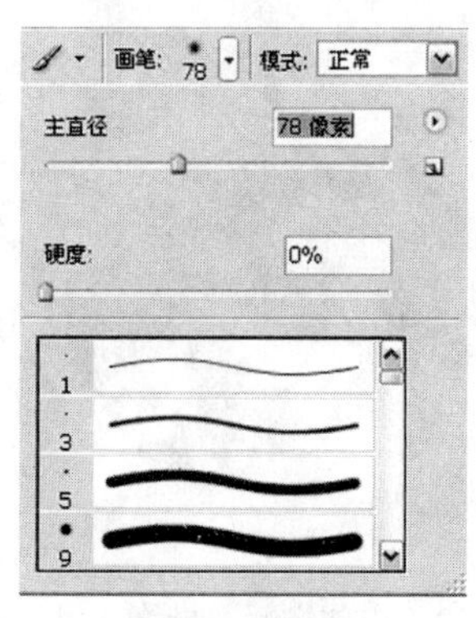

图 5-25　画笔调整

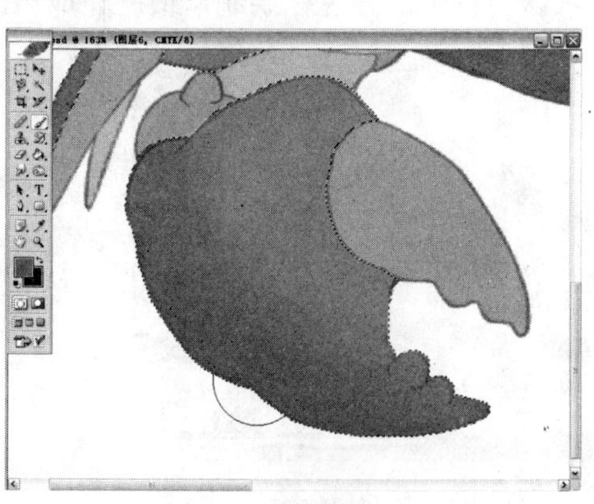

图 5-26　绘制暗部

（4）选择较浅的颜色绘制亮部，效果如图 5-27 所示。

（5）选择浅蓝色，绘制反光效果，增强画面立体效果，如图 5-28 所示。

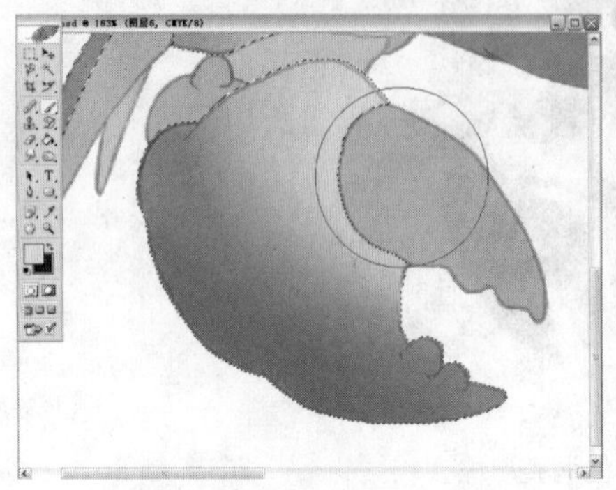
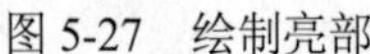

图 5-27　绘制亮部

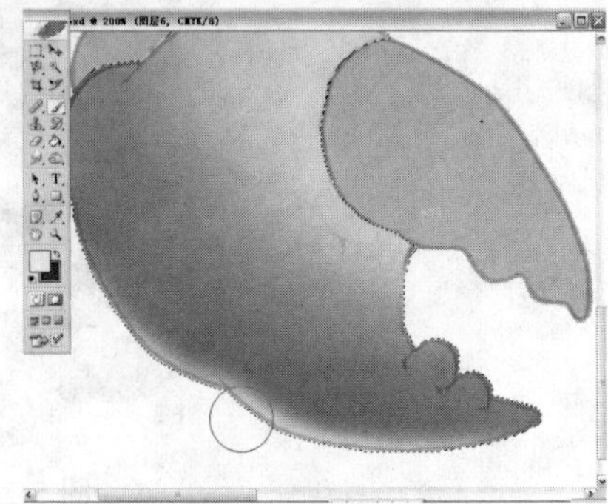

图 5-28　反光部分

（6）为了突出螃蟹的结构特点，在与其他部分的交接处绘制暗部，体现出立体的效果，如图 5-29 所示。

（7）使用同样的方法选取其他部分进行绘制，效果如图 5-30 所示。

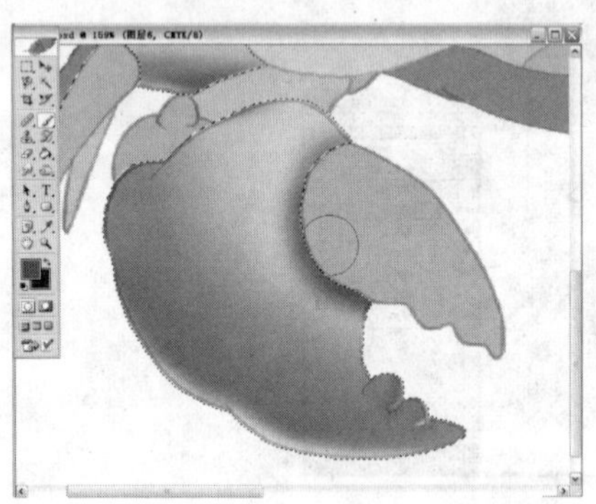

图 5-29　交接部分

图 5-30　其他部分绘制

（8）色彩调整。选择菜单“图像”→“色彩”→“色相/饱和度”改变颜色或加强色彩对比度，使色彩更为鲜亮，如图 5-31 所示。

（9）依次将各个部分进行绘制，最终完成后的主体物螃蟹如图 5-32 所示。

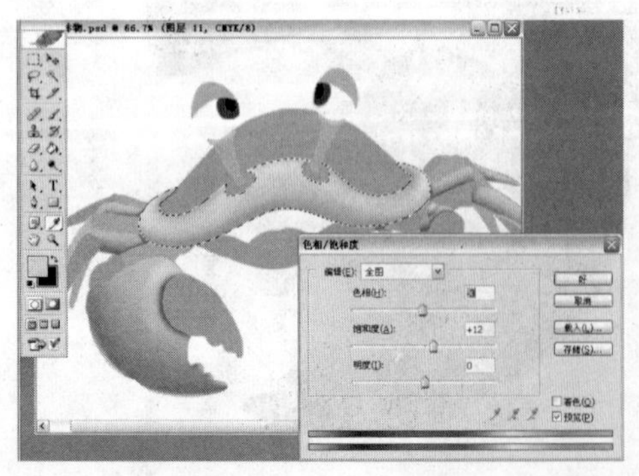

图 5-31　色彩调整

图 5-32　主体物螃蟹最终效果

2. 其他组件

使用同样的方法绘制其他组件，效果分别如图 5-33 所示。

a）花蕊

b）树

c）叶子

d）天空

e）草地

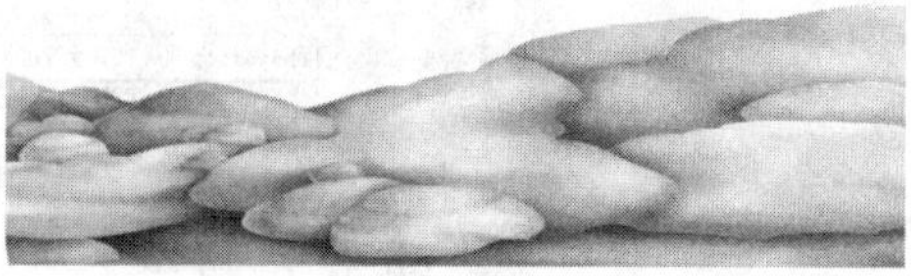

f）石头

图 5-33　其他组件

说明：为了提高制作速度，某些背景部也可以使用现成的图片进行贴图。例如草地部分，直接使用画笔工具绘制的难度较大，因此也可以使用现成的图片。

3. 花蕊的制作

（1）打开草图文件“花蕊.jpg”，如图 5-34 所示。

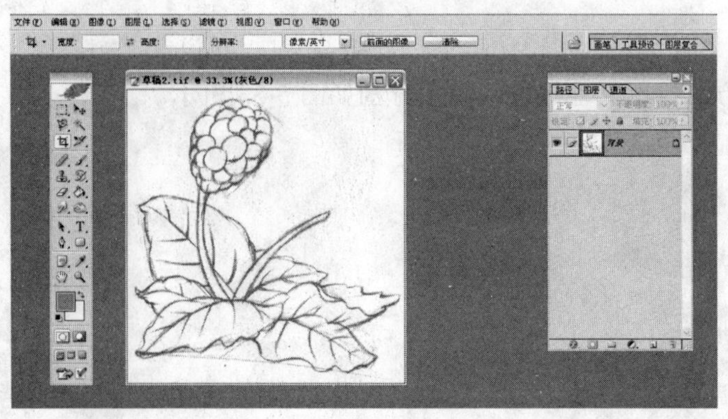

图 5-34　打开文件“花蕊.jpg”

（2）更改文件的图像模式为 CMYK。选择“图像”→“模式”→“CMYK 颜色”，如图 5-35 所示。

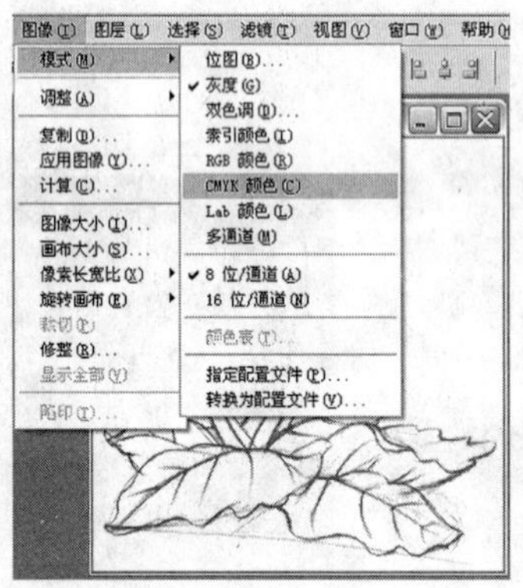

图 5-35　更改文件的图像模式

（3）存储线条。存储方法参见第 3 章 数字插画设计的一般步骤→3.5 计算机线条处理，此时要使文件保留图层，将文件存储为“*.psd”格式，如图 5-36 所示。

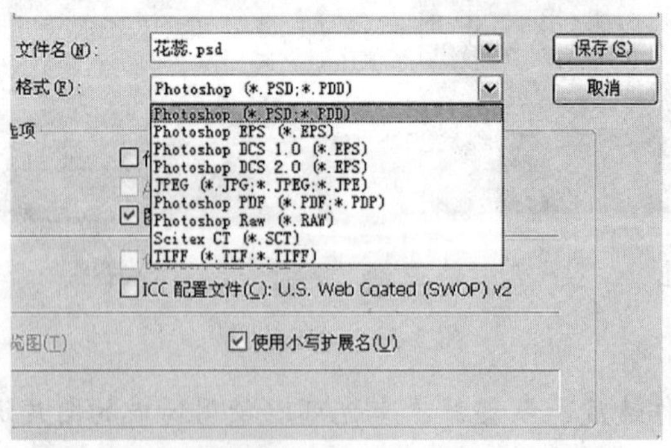

图 5-36　文件格式

（4）在工具箱中选择“钢笔工具”，与制作“主体物”的方法相同，将图像中的各个部分进行分解，并放置于不同的图层上，效果如图 5-37 所示。

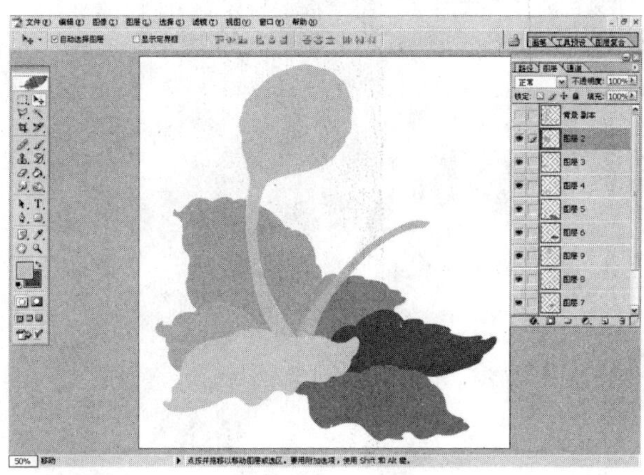

图 5-37　分解图像

（5）选取叶子。按下 Ctrl 键的同时单击叶子的图层，如图 5-38 所示。

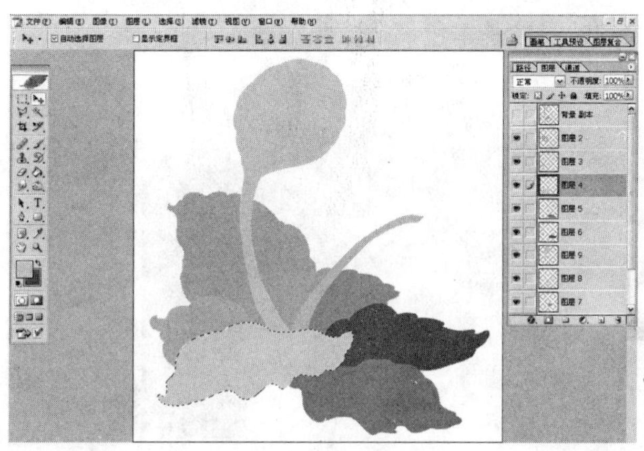

图 5-38　选取叶子

（6）选择画笔工具，调整笔刷效果如图 5-39 所示。

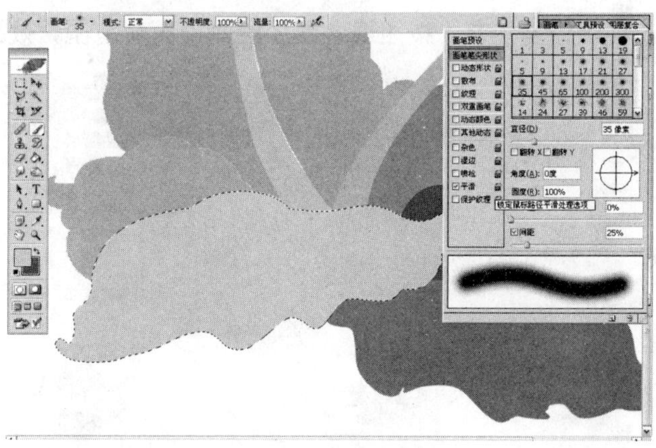

图 5-39　调整笔刷

（7）显示线条图层并调整图层透明度，如图 5-40 所示。

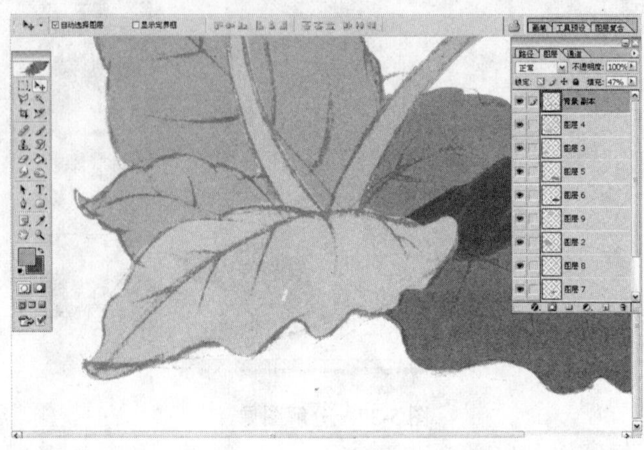

图 5-40　显示线条图层

（8）根据线条绘制叶子的基本色调，效果如图 5-41 所示。

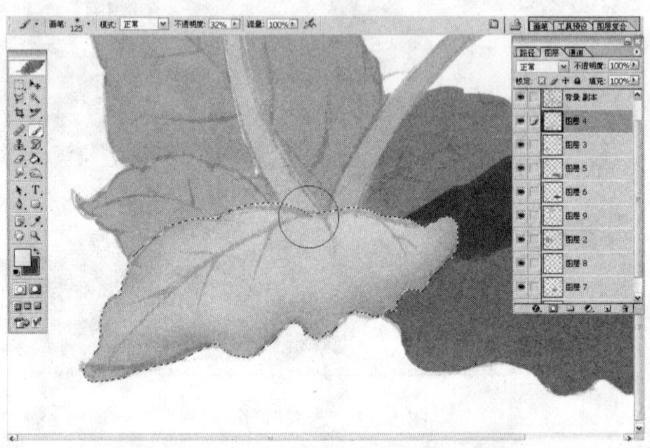

图 5-41　绘制叶子的基本色调

（9）绘制叶脉。使用钢笔工具，按照线条路径绘制出区域范围，效果如图 5-42 所示。

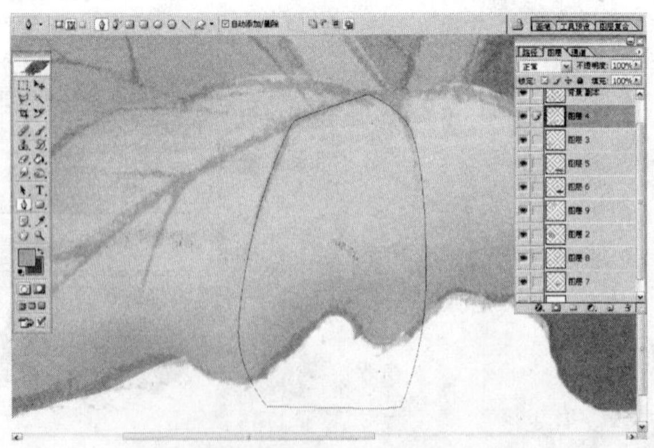

图 5-42　绘制出叶脉区域范围

（10）使区域变为路径。在路径面板下方单击“将路径作为选取载入”图标，如图 5-43 所示。

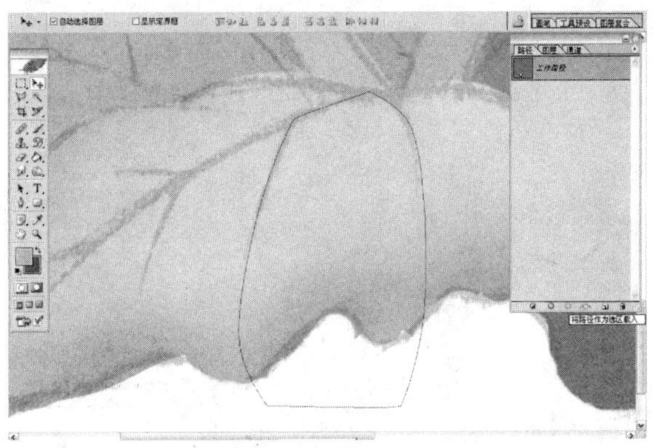

图 5-43　使区域变为路径

（11）使用“画笔工具”在叶子上绘制叶脉效果，如图 5-44 所示。

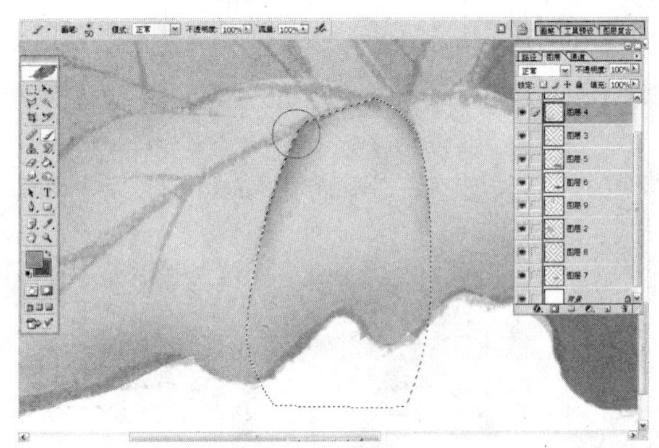

图 5-44　绘制叶脉效果

（12）使用同样的方法绘制其他叶脉，参考实际的叶脉效果，根据其规律进行绘制。关闭线条图层，完成的叶子效果如图 5-45 所示。

（13）用同样的方法绘制其他叶子，效果如图 5-46 所示。

图 5-45　叶子效果

图 5-46　其他叶子效果

（14）制作花蕊。再次打开线条图层，使用钢笔工具根据线条分割花蕊部分，效果如图 5-47 所示。

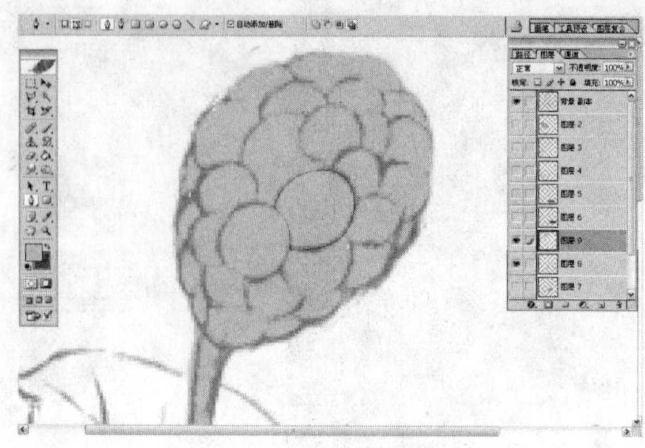

图 5-47　分割花蕊

（15）将钢笔勾画的部分变为选区，并在新建的图层上填充颜色，效果如图 5-48 所示。

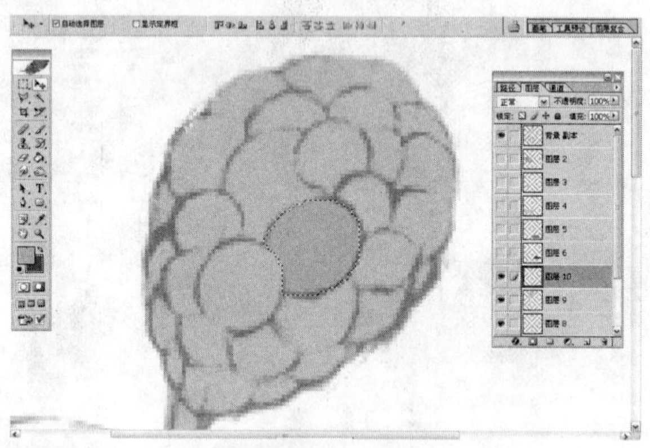

图 5-48　填充颜色

（16）用相同的方法继续进行分割并将各部分放置于不同的图层上，不相邻的区域可以放置为一个图层，以便于绘制。分割完成的效果如图 5-49 所示。

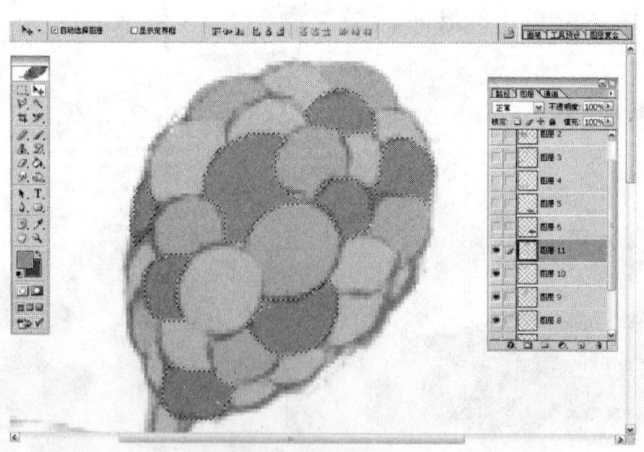

图 5-49　分割完成

（17）选择画笔工具，在画笔面板上选择“干画笔尖浅描”画笔进行绘制，体现出花蕊的肌理效果，如图 5-50 所示。

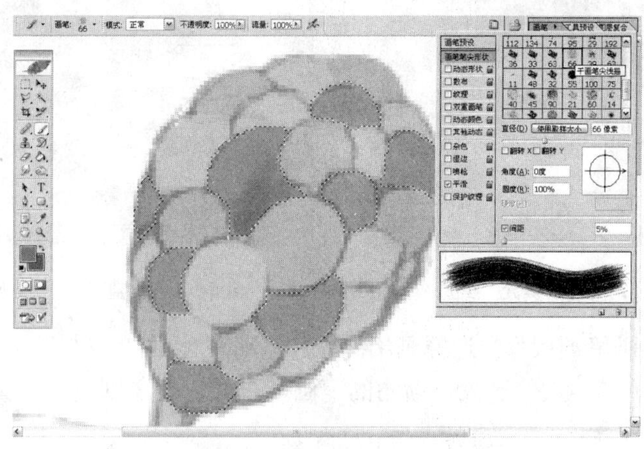

图 5-50　花蕊的肌理效果

（18）绘制完成后，隐藏线条图层，显示出的花蕊效果如图 5-51 所示。

图 5-51　绘制完成的花蕊效果

4. 天空的制作

（1）新建一个文件，命名为“天空”，尺寸设置参考书籍尺寸，颜色模式设置为“CMYK”模式。

（2）单击工具面板上的“选择前景色”，在弹出的“拾色器”中选取浅蓝色，选择“编辑”→“填充”，将背景图层填充为蓝色，效果如图 5-52 所示。

（3）新建图层，点击导航栏上的“画笔”右侧的三角形符号，调整画笔大小和软硬度，如图 5-53 所示。

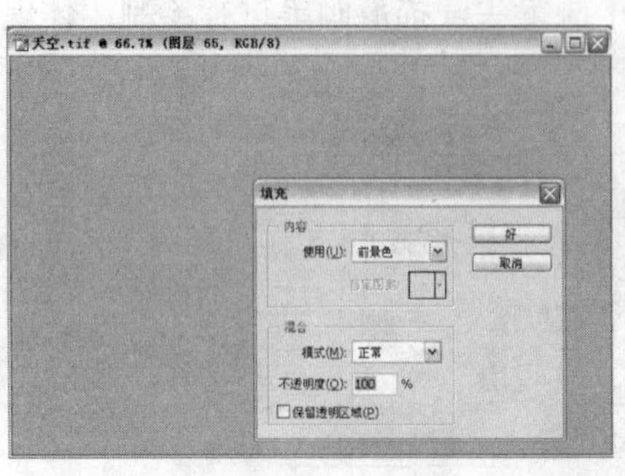

图 5-52　颜色填充

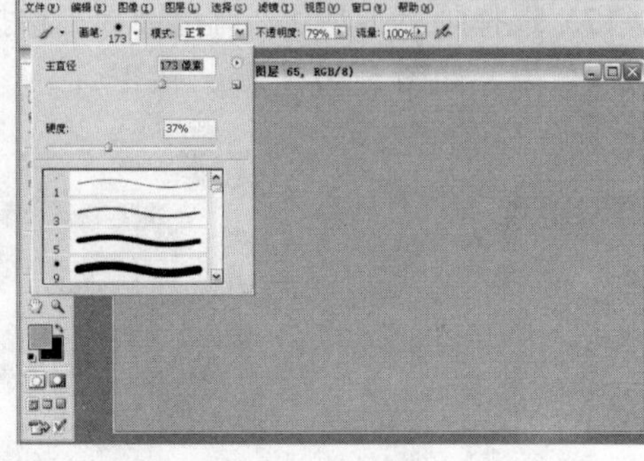

图 5-53　调整画笔大小及软硬度

（4）在“切换画笔调板”中选择画笔的“其他动态”，在“控制”的文本框中选择“渐隐”，将数值设置为 25，数值越大，渐隐的笔画就越长，反之则越短。画笔效果如图 5-54 所示。

（5）将画笔颜色设置为白色，调整导航栏上的“不透明度”，将画笔设为透明效果，绘制时笔画与笔画进行叠加，使画面更为柔和，层次更为丰富。效果如图 5-55 所示。

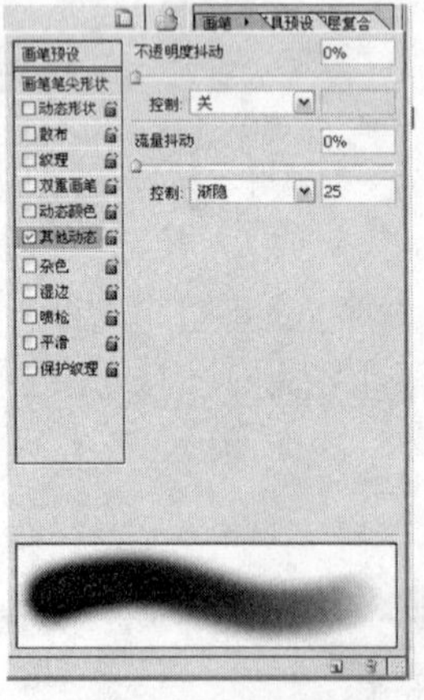

图 5-54　画笔效果

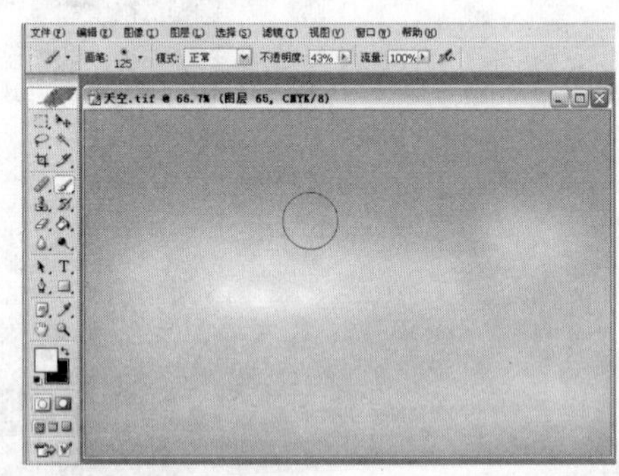

图 5-55　画笔透明度

（6）绘制白色云彩后的效果如图 5-56 所示。

（7）将画笔颜色设置为浅黄色，与白色交替使用来绘制云彩，增加画面层次。效果如图 5-57 所示。

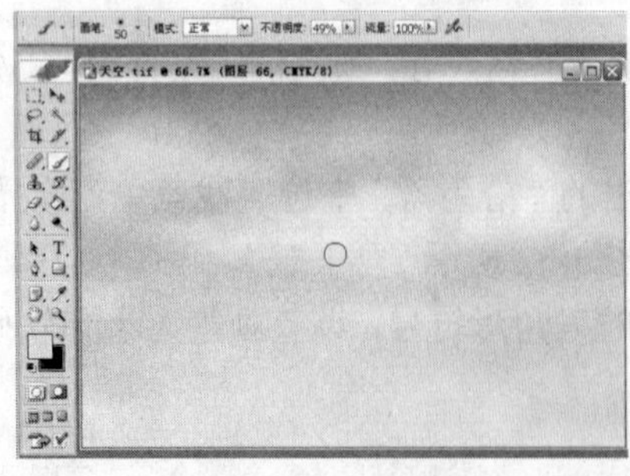

图 5-56　白色云彩

图 5-57　增加浅黄色

（8）调整至理想效果，存储文件。

说明：在绘制过程中，要随时调整画笔大小、软硬度和透明度，笔触效果才会更加丰富。

5. 草地的制作

（1）新建一个文件，命名为“草地”，尺寸设置参考书籍尺寸，颜色模式设置为“CMYK”模式。

（2）新建一个图层，在新的图层上进行绘制，可方便后期组合使用。

（3）选择画笔工具，在“切换画笔调板”中选择“画笔笔尖形状”，使用“草”或“沙丘草”等笔尖形状来进行绘制，工具如图 5-58a 所示，草的效果如图 5-58b 所示。

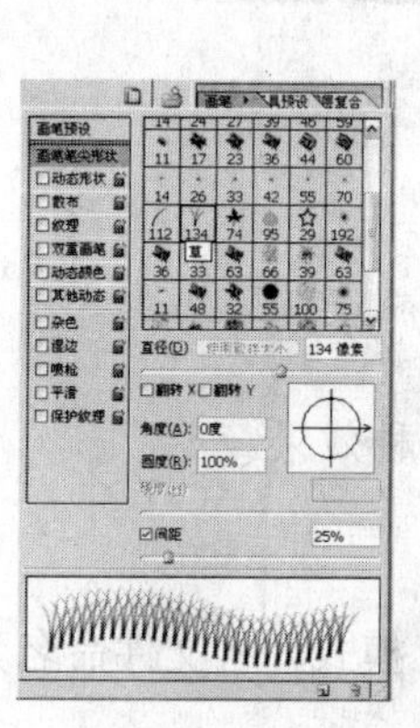

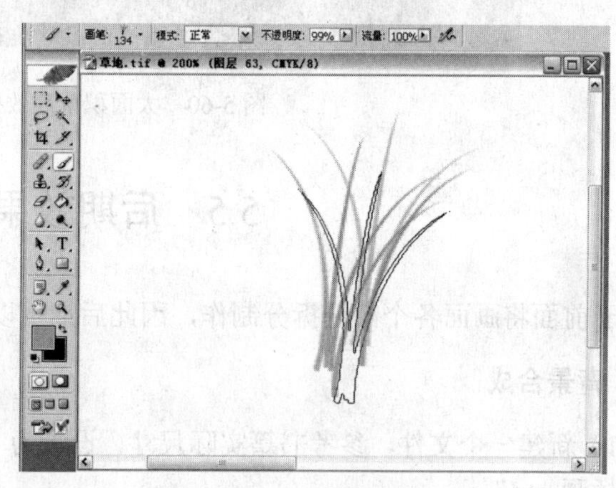

a）草形笔尖　　b）草的效果

图 5-58　绘制草

（4）将制作好的单件进行复制，形成片状草地，选择“图象”→“调整”→“色相/饱和度”，在弹出的“色相/饱和度”对话框中调节“色相”滑动杆，调整单体的颜色，增加画面层次感。“色相/饱和度”对话框如图 5-59a 所示，效果如图 5-59b 所示。

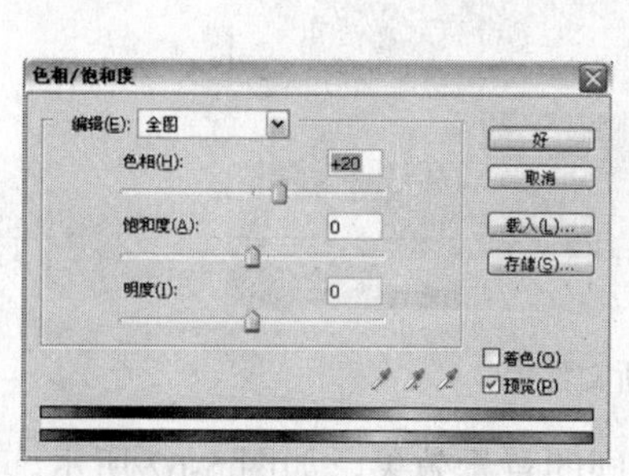

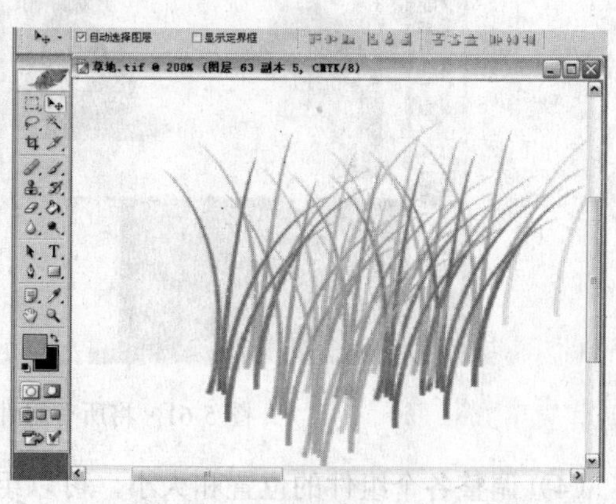

a）调整色相/饱和度　　b）调整效果

图 5-59　绘制草丛

（5）根据近大远小的特征，又将片状的草地复制后改变大小进行排列，形成大面积的草地效果，如图 5-60 所示。

图 5-60　大面积草地效果

5.5　后期效果

由于前面将画面各个部分拆分制作，因此后期可以处理出多种效果。

5.5.1　背景合成

（1）新建一个文件，参考书籍实际尺寸，设置为“CMYK”模式，将文件命名为“卡通书籍插画.psd”。

（2）在 Photoshop 中打开所有绘制完成的组件。

（3）在工具箱中选择“移动工具”，将所有组件移动至新文件上，如图 5-61 所示。

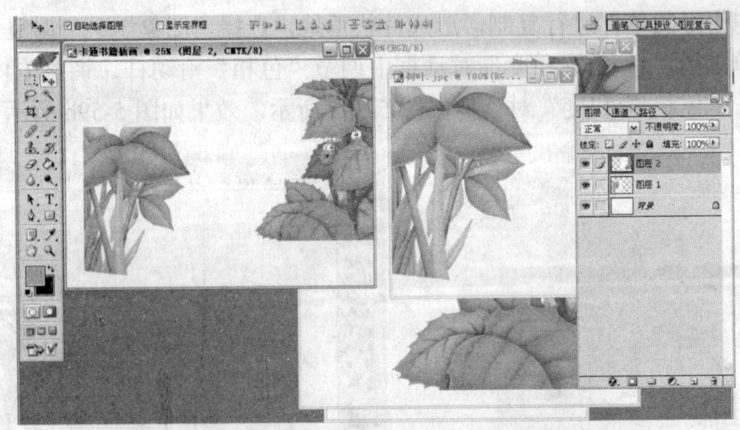

图 5-61　将所有组件移动至新文件上

（4）调整各个组件的位置和大小，可以组合出不同的背景效果，如图 5-62 所示。

a）背景效果 1

b）背景效果 2

c）背景效果 3

图 5-62　背景效果

5.5.2　后期调整

打开文件“主体物.jpg”。将螃蟹放置于不同的背景，所表现的效果也不同，效果如图 5-63 所示。

a）后期效果 1

b）后期效果 2

c）后期效果 3

图 5-63　后期效果

第 6 章　故事插画设计与制作

故事插画是插画设计中最为常见的一种插画形式，绘画风格多种多样，但设计思路和创作方法大致是相同的。本章以《安徒生童话》中的故事《海的女儿》为例，向读者介绍故事插画作品的创作过程。

6.1　概　　述

随着书籍的发展与分类，插画形式也愈来愈多样，如文学、艺术、少儿读物等插画。《安徒生童话》属于少儿读物，在进行童话故事的插画设计时，除了对故事进行深入理解外，还需要结合少儿读者的阅读喜好来进行创作，以更好地体现出童话故事的意境。文学、艺术、少儿读物等插画如图 6-1 所示。

a）戴郭帮古典文学插画

b）韩国古典艺术插画

c）少儿读物插画

图 6-1　故事插画

6.1.1　什么是故事插画

故事插画是指在故事中起说明作用的图画。一般来讲，这种插图是插画师在忠于文学作品的故事情节和思想内容的基础上经过构思重新创作出来的，因此，插图具有独立的艺术价值。在进行故事插画创作时，首先要读懂文学所叙述的内容，将重要内容形象化，分析以文学中描述的主要形象及其他形象，还要了解环境、处所，衬托出故事的主题并构成一定的情节。故事插画如图 6-2 所示。

a)《怪物咕吧和它的大角》

b)《皇帝的新装》

图 6-2　故事插画

6.1.2　传统手绘插画与数字插画

早期的故事插画多为传统手绘插画，手绘插画创作周期不仅缓慢，而且出版质量受限，成本也高。使用数字绘画绘制故事插画，最主要的目的就是提高出版用图的质量，降低绘画和出版成本，缩短制作周期，为出版提供服务。早期的故事插画如图 6-3a 所示，数字绘画绘制的故事插画如图 6-3b 所示。

a）早期的手绘故事插画

b）数字绘画绘制的故事插画

图 6-3　传统插画与数字插画

6.1.3 故事插画构思

故事插画必须具备一定的绘画条件，它具有相对的独立性，又具有一定的从属性，有别于一般独立欣赏性的绘画。不依靠文字，也能从它的形象本身，表现一定的主题，同时又必须服从原著，成为辅助者。

插画的形式表现丰富，不同的插图师，对原著的理解也不同，可采用不同的角度、不同的内容、不同的画面形式来表现。以安徒生童话故事《拇指姑娘》为例子，不同的插画表现效果如图 6-4a、6-4b 所示。因此，面对着不同内容题材的书籍，要认真研究思索，找到恰当的手法去表现，而不能墨守成规，千篇一律。

a）上海辞书出版社出版

b）黑龙江出版社出版

图 6-4 《拇指姑娘》的不同插画

6.2 《海的女儿》故事插画制作

6.2.1 创意及草图

在进行故事插画创作时，首先要明确绘画的主题，对故事内容进行归纳；其次要考虑市场因素，提高制作效率。

1. 故事内容分析

在安徒生童话《海的女儿》中，小美人鱼没有得到仙女的帮助，最后也没有喜结良缘的幸运，出于对爱情的忠贞，她不忍心举起女巫给予的尖刀杀死王子以求自保，而在王子迎亲之夜纵身跳入大海，让自己的身躯渐渐化为泡沫而无怨无悔。小美人鱼最终未能得到心爱的王子，却变成世代相传的不朽艺术形象。

2. 市场因素

出版物都有页码和出版成本控制，本例假设只要求用 6 幅插图来表现故事内容。创作者在进行创作时主要刻画最具典型意义的文字内容，并用适合于绘画的情节来表现。

3. 创意构思

童话故事的插画设计除了要准确表达故事内容之外，还需要符合少儿读者的阅读心理和喜好。通常情况下，直观形象、色彩鲜明的画面能充分吸引少儿读者的注意力。

4. 草图

根据创意分析，首先用铅笔在画纸上进行创作，并进行不断的修改。把故事的第一幅画面设定为小美人鱼的造型和标题框；第二幅画面为整幅，将小美人鱼的个性特征进行刻画描写；根据故事情节的发展，第三幅选择了让小美人鱼付出代价而变成人的女巫；第四幅表现小美人鱼与王子相处的美好时光；第五幅为画面高潮部分，小美人鱼不忍对王子下手；最后一幅描绘小美人鱼升入天堂的场景。六幅画面草图效果如图 6-5 所示。

a）画面 1　b）画面 2

c）画面 3　d）画面 4

e）画面 5　f）画面 6

图 6-5　六幅画面草图效果

6.2.2 线条处理

线条仍然需要在拷贝箱中进行复制和整理，具体方法参见第 3 章 数字插画设计的一般步骤→3.3 线条处理，线条处理效果如图 6-6 所示。

a）线条 1

b）线条 2

c）线条 3

d）线条 4

e）线条 5

f）线条 6

图 6-6 线条处理效果

6.3　草图数字化

草图数字化通过以下几个步骤来实现。

6.3.1　输入计算机

1. 扫描

扫描方法参见第 3 章 数字插画设计的一般步骤→3.4 草图数字化。

2. 存储

（1）选择“文件”→“存储”命令，弹出“存储为”对话框，为文件命名为“001.jpg”。

（2）单击“保存在”的下拉按钮，在弹出的下拉列表中选择“桌面”。

（3）在桌面上新建一个文件夹，并为新文件夹命名为“海的女儿”，如图 6-7 所示。

（4）用同样的方法扫描并存储另外三个画面，分别命名为“002.jpg”、“003.jpg”、“004.jpg”，打开桌面“海的女儿”文件夹如图 6-8 所示。

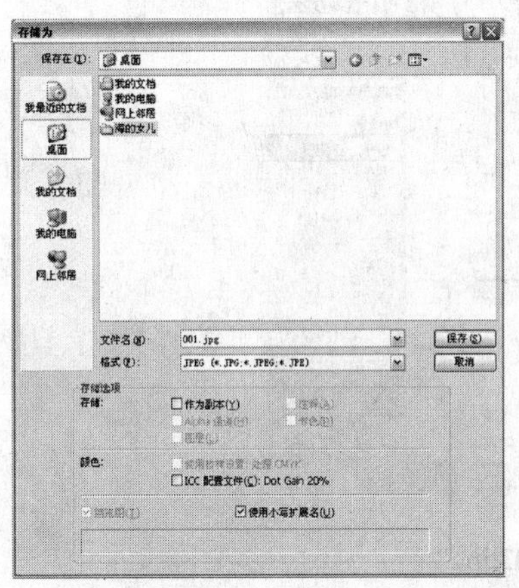

图 6-7　存储文件

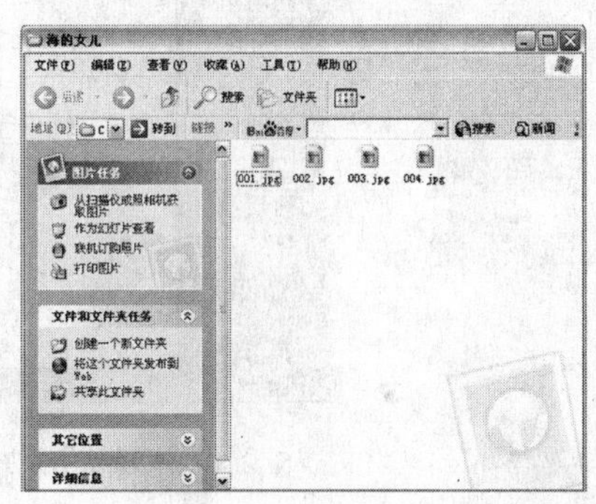

图 6-8　“海的女儿”文件夹

6.3.2　计算机线条处理

计算机线条处理方法参见第 3 章 数字插画设计的一般步骤→3.5 计算机线条处理。

注：线条处理完成后同样需要存储为选区，以方便上色操作，存储方法同上。

6.4　上　色

出版物插画可以有多种形式表现，上色方法也有很多种，需要考虑到绘画的风格以及背景气氛的烘托，因此，需要创作者灵活使用软件进行绘制。

6.4.1　色彩模式

出版物印刷通常选择 CMYK 模式，由于扫描时文件会自动设置为 RGB 模式，因此在

绘制前先要将文件调整为 CMYK 模式，在显示器上显示的颜色效果接近于印刷色。如果需要用到滤镜效果，可先将文件模式调整为 RGB 模式，制作完成后再将文件调整为 CMYK 模式。

6.4.2 色彩搭配

童话故事定位多为少儿读者，因此需要丰富的色彩来体现童话的意境，色彩饱和度要高，形成独特的视觉感受。故事以海洋为背景，因此主色调为蓝色，皇宫、王子、落日都体现着贵族的金色氛围，将这两者加以结合，成为画面的主要色彩。

6.4.3 上色方法

以文件“002.jpg”为例，介绍上色方法及技巧。

1. 填充颜色

（1）打开文件“002.jpg”，如图 6-9 所示。

图 6-9 打开文件“002.jpg”

（2）在工具箱中选择“油漆桶”工具，点击“设置前景色”，在弹出的对话框中选择所需要的颜色，如图 6-10 所示。

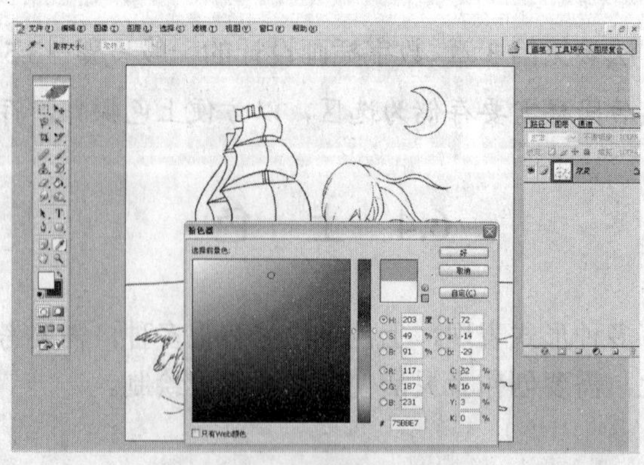

图 6-10 选择的颜色

（3）在工具箱中选择“油漆桶”工具，为画面填充颜色，填充效果如图 6-11 所示。

图 6-11　填充颜色

2. 存储选区

把画面各部分分别存入选区是为后续的绘制画面细节等工作做好准备，存储选区的过程如下。

（1）用魔棒工具选取小美人鱼头发部分，并把它存入通道，如图 6-12 所示。

（2）以同样的方法把画面其它部分分别存入通道，通道效果如图 6-13 所示。

图 6-12　把头发部分存入通道

图 6-13　将其他部分存入通道

3. 绘制画面细节

1）铺色调

（1）选择“窗口”→“通道”命令，弹出“通道”面板。

（2）按住 Ctrl 键的同时用鼠标点击“头发”通道，头发部分被选取，如图 6-14 所示。

（3）选择“窗口”→“图层”命令，打开图层面板，单击“背景 副本”图层，如图 6-15 所示。

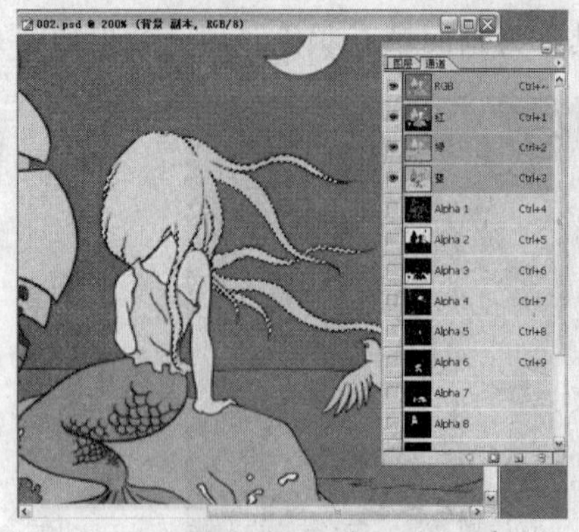

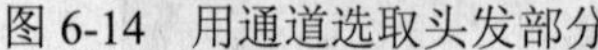

图 6-14 用通道选取头发部分　　　　图 6-15 点击“背景 副本”图层

（4）选择“窗口”→“画笔”命令，弹出“画笔”面板，在对话框中调整出适合的画笔，如图 6-16 所示。

（5）使用画笔工具在“头发”范围里铺出画面明暗色调（上色原理同传统绘画一致），如图 6-17 所示。

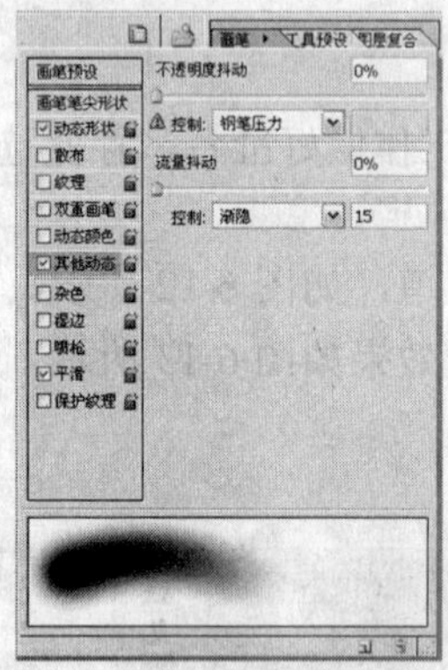

图 6-16 设置“画笔”面板　　　　图 6-17 为“头发”部分铺色调

（6）用同样的方法为其它部分铺上明暗色调，效果如图 6-18 所示。

图 6-18 铺明暗色调的效果

说明：在上色时如果选区影响视觉，可按 Ctrl+H 隐藏选区，此时选区仍然存在，再按 Ctrl+H 又将出现选区，按 Ctrl+D 可消除选区。

2）绘制细节

在细节部分的绘制过程中，选择导航栏上右侧的“切换画笔调板”，创作者可以充分地使用“切换画笔调板”上的功能，绘制出理想的画面效果。

（1）按下 Ctrl 键的同时用鼠标点击鱼尾的通道，头发部分被选取。

（2）调整不同的颜色和笔触效果绘制的细节，选择“画笔笔尖形状”可以绘制各种特殊的肌理效果，如图 6-19 所示。

（3）选择“其他动态”，在“控制”中选择“渐隐”，调整参数大小，即可绘制具有变化的笔触效果，“其他动态”选项如图 6-20 所示。

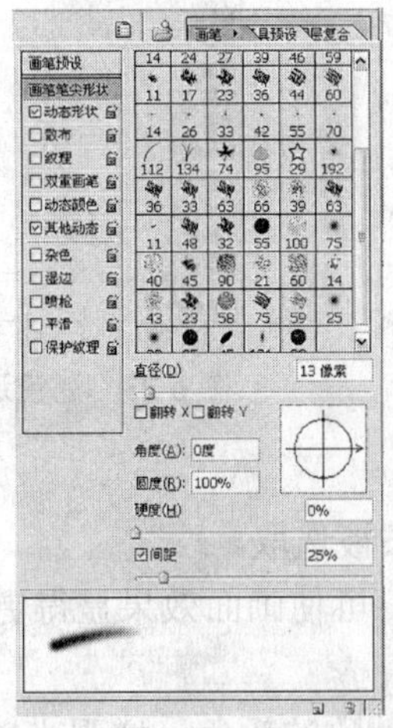

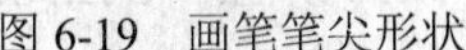

图 6-19　画笔笔尖形状

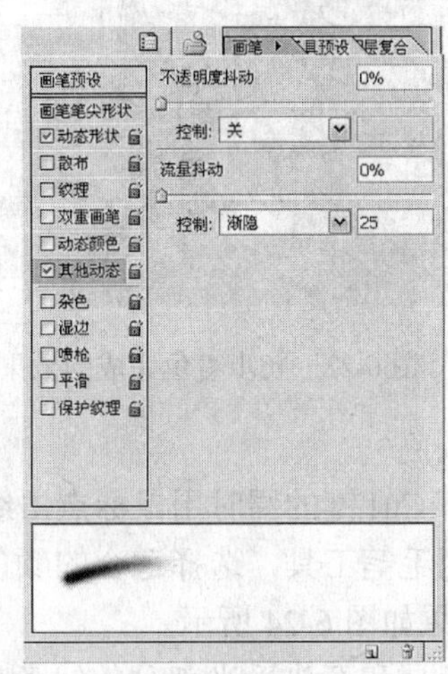

图 6-20　其他动态

（4）使用不同的笔尖形状和动态绘制出的“头发”和“鱼尾”具有更强的质感，效果如图 6-21 所示。

图 6-21　“头发”和“鱼尾”效果

（5）用同样的方法为其它部分绘制细节，效果如图 6-22 所示。

说明：在绘制过程中还可以配合使用“滤镜”中的功能调整画面效果，滤镜选择如图 6-23 所示。

图 6-22　初步着色完成的效果

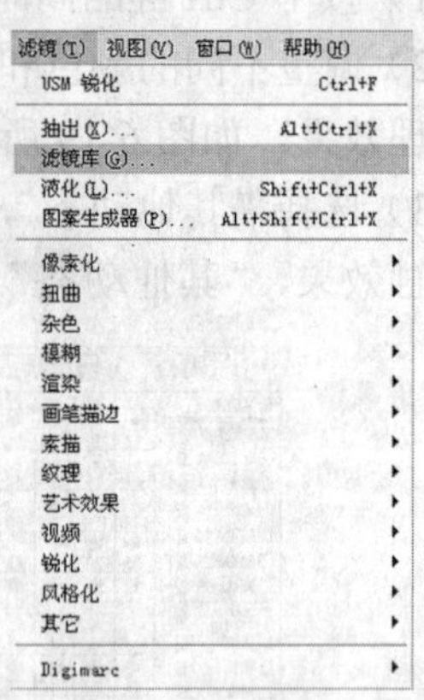

图 6-23　滤镜选择

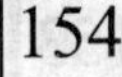

3）线条颜色

（1）按下 Ctrl 键的同时用鼠标点击线条通道，线条被选取。

（2）使用毛笔工具，选择适合的颜色来改变线条，可使画面效果显得更协调,更改后的头发线条效果如图 6-24 所示。

（3）将鱼尾和石头受光部分的线条处理为与月亮一致的颜色，增强光感效果，如图 6-25 所示。

图 6-24　改变线条颜色

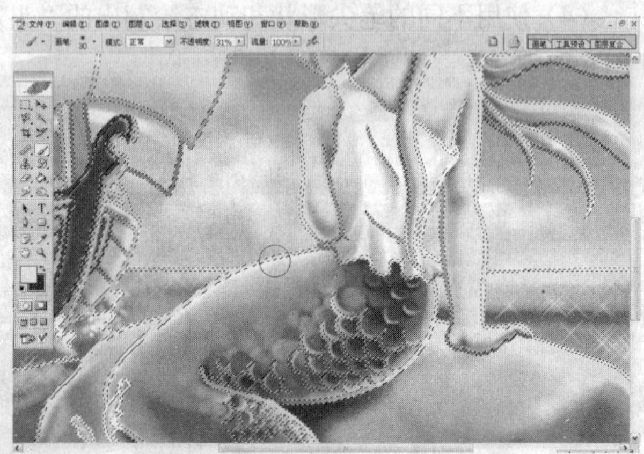

图 6-25　鱼尾和石头受光部分的线条

（4）将线条处理完成后的效果如图 6-26 所示。

图 6-26　改变线条后的效果

6.5　后期效果

在绘制过程中，如果感觉画面的氛围烘托不够，可以直接在计算机上添加内容或与其他画面进行合成处理。

6.5.1　效果处理

1. 制作水浪

（1）新建一个图层，在新的图层上制作水浪。

（2）选择毛笔工具，设置动态为“渐隐”效果，不断调整画笔透明度，使绘制出的水浪更有层次感，效果如图 6-27 所示。

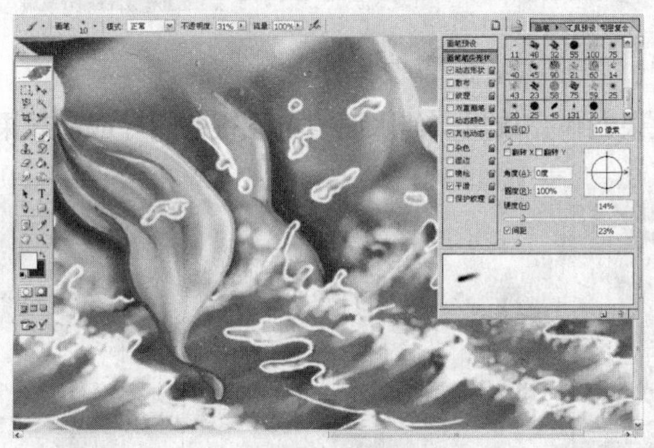

图 6-27　水浪效果

（3）水浪绘制完成后，水与石头的衔接更为自然，效果如图 6-28 所示。

2. 制作水面星光效果

（1）新建一个图层，在新的图层上制作水面星光效果。

（2）在“画笔面板”中点击“画笔笔尖形状”，选择“星形”笔尖绘制水浪，如图 6-29 所示。

图 6-28　绘制水浪

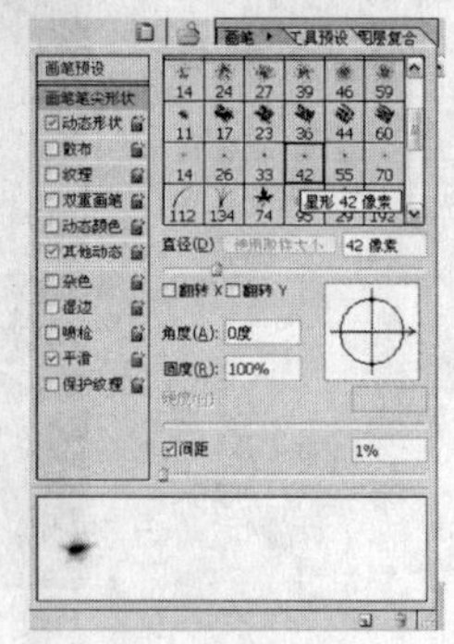

图 6-29　“星形”笔尖

（3）不断调整画笔颜色和透明度，在画面上重复点击绘制，体现出水面泛起星光点点的效果，如图 6-30 所示。

图 6-30　星光效果

（4）水面星光效果制作完成后，使水面与黄昏夜色相呼应，效果如图 6-31 所示。

图 6-31　水面效果

3. 制作云彩效果

（1）新建一个图层，在新的图层上绘制云彩效果。

（2）使用“毛笔”工具绘制天空，调整笔刷的软硬度、透明度及大小，如图 6-32 所示。

图 6-32　调整笔刷

（3）选择白色绘制云彩形状，在绘制时注意控制笔刷的变化，效果如图 6-33 所示。

图 6-33　白色云彩

（4）选择与整体环境协调的色彩继续绘制云彩，渲染出黄昏的氛围，效果如图 6-34 所示。

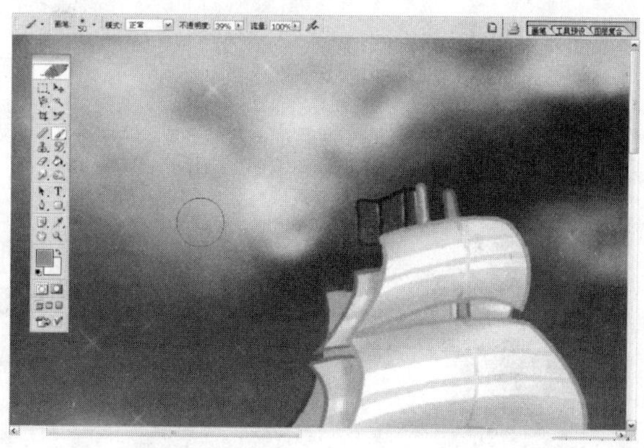

图 6-34　渲染出黄昏的氛围

（5）云彩绘制完成后，表现出层次更为丰富的天空效果，整体画面效果如图 6-35 所示。

图 6-35　天空效果

（6）使用同样的方法为其他画面上色，完成后的 6 幅画面效果如图 6-36 所示。

a）画面 1

b）画面 2

c）画面 3

d）画面 4

e）画面 5

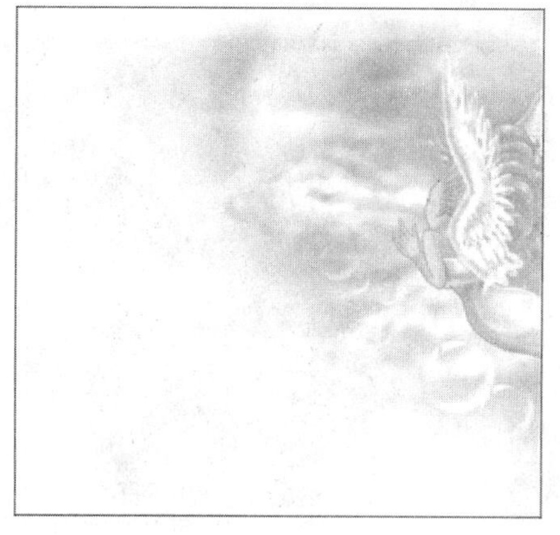
f）画面 6

图 6-36　完成后的 6 个画面效果

6.5.2　制作气泡效果

画面 1 中的气泡效果可以在后期进行制作，在新的图层上调整气泡的大小并进行自由组合，制作方法如下。

（1）新建图层，在工具箱中选择“椭圆选框工具”，按下 Shift 键不放，在画面上画出一个正圆，如图 6-37 所示。

（2）在菜单中选择“编辑”→“描边”，弹出“描边”对话框，在“宽度”文本框中输入数值 2（可灵活调整），单击“颜色”框，弹出“拾色器”，在“拾色器”中选择白色，单击【好】按钮，接着在“描边”对话框上单击【好】按钮。画面上的圆形选区变为白色，效果如图 6-38 所示。

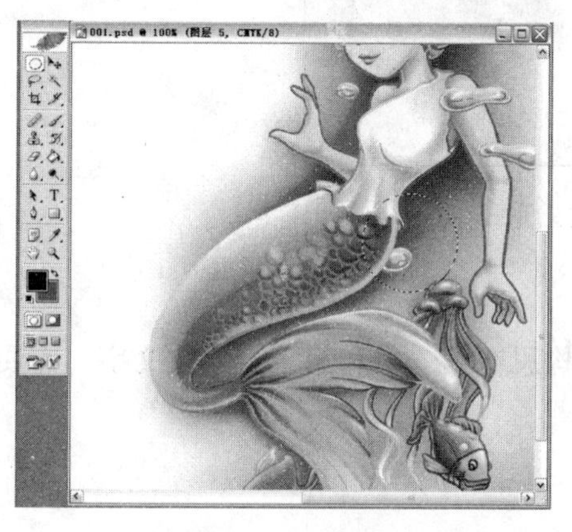
图 6-37　绘制圆形

图 6-38　白色圆形

（3）用魔棒工具选取圆圈内部区域，选择毛笔工具，调整为较软的笔触效果，在导航栏上调整“不透明度”，在圆圈内边缘绘制效果，使之更为自然，效果如图 6-39 所示。

（4）水泡的高光部分需要较硬的笔刷效果来制作，由于在新建的图层上，可使用毛笔工具和橡皮擦工具共同来修改形状，效果如图 6-40 所示。

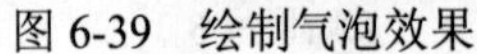

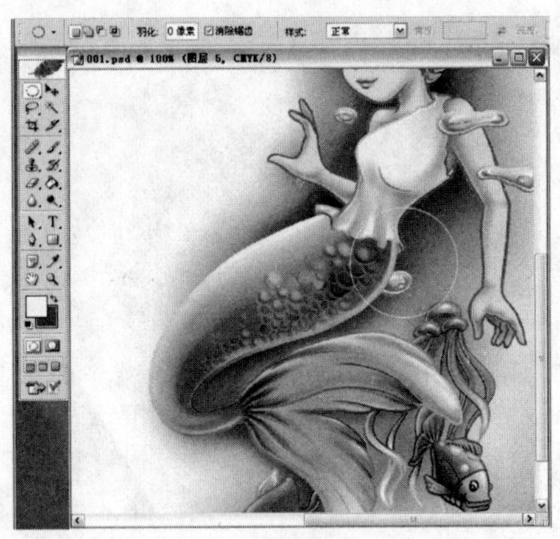

图 6-39 绘制气泡效果　　图 6-40 绘制气泡效果

（5）将水泡进行复制并调整其大小，使之有节奏的分布在画面上，效果如图 6-41 所示。

图 6-41 气泡效果完成

6.5.3 添加文字

在三副画面都创作完成后，就可以按照创意构思在第一页和第三页放置文字，需要注意画面的构图和协调性。

1. 标题

（1）在 Photoshop 中打开绘制完成的文件“001.psd”。

（2）在工具箱中选择“横排文字工具”，输入标题文字“海的女儿”，调整字体、颜色及大小如图 6-42 所示。

（3）复制文字图层，在复制的图层上改变文字颜色，使用“移动”工具将文字进行移动，产生立体效果，标题效果如图 6-43 所示。

图 6-42　标题文字制作

图 6-43　标题效果

2. 故事内容

将“海的女儿”文字内容分别放置于绘制完成的画面上，选择适合的字体、颜色和大小，注意层次和比例关系，一个图文并茂的童话故事就制作完成了，最终效果如图 6-44 所示。

a）画面 1

b）画面 2

c）画面 3

d）画面 4

e）画面 5

她知道这是她看到他的最后一晚——为了他，她离开了她的族人美丽的声音，她每天忍受着没有止境的苦痛，然而他却一点儿也不知一起呼吸同样空气的最后一晚，这是她能看到深沉的海和布满了星星后一晚。同时一个没有思想和梦境的永恒的夜在等待着她——没有灵也得不到一个灵魂的她。一直到半夜过后，船上的一切还是欢乐和愉她笑着，舞着，但是她心中怀着死的思想。王子吻着自己的美丽的新新娘抚弄着他的乌亮的头发。他们手挽着手到那华丽的帐篷里去休息。船上现在是很安静的了，只有舵手站在舵旁。小人鱼把她洁白的手臂倚在舷墙上，向东方凝望，等待着晨曦的出现——她知道，头一道太阳光就会叫她灭亡。她看到她的姐姐们从波涛中涌现出来了。她们是像她自己一样地苍白。她们美丽的长头发已经不在风中飘荡了——因为它已经被剪掉了。

“我们已经把头发交给了那个巫婆，希望她能帮助你，使你今后不至于灭亡。她给了我们一把刀子。拿去吧，你看，它是多么快！在太阳没有出来以前，你得把它插进那个王子的心里去。当他的热血流到你脚上上时，你的双脚将会又联到一起，成为一条鱼尾，那么你就可以恢复人鱼的原形，你就可以回到我们这儿的水里来；这样，在你没有变成无生命的咸水泡沫以前，你仍旧可以活过你三百年的岁月。快动手！在太阳没有出来以前，不是他死，就是你死了！我们的老祖母悲恸得连她的白发都落光了，正如我们的头发在巫婆的剪刀下落掉一样。刺死那个王子，赶快回来吧！快动手呀！你没有看到天上的红光吗，几分钟以后，太阳就出来了，那时你就必然灭亡！”

她们发出一个奇怪的、深沉的叹息声，于是她们便沉入浪涛里去了。小人鱼把那帐篷上紫色的帘子掀开，看到那位美丽的新娘把头枕在王子的怀里睡着了。她弯下腰，在王子清秀的眉毛上亲了一吻，于是他向天空凝视——朝霞渐渐地变得更亮了。她向尖刀看了一眼，接着又把眼睛掉向这个王子；他正在梦中喃喃地念着他的新嫁娘的名字。他思想中只有她存在。刀子在小人鱼的手里发抖。但是正在这时候，她把这刀子远远地向浪花里扔去。万子沉下的地方，浪花就发出一道红光，好像有许多血滴溅出了水面。她再一次把她迷糊的视线投向这王子，然后她就从船上跳到海里。她觉得她的身躯在融化成为泡沫。

f）画面 6

图 6-44

第 7 章　插画技巧

Photoshop 提供了多种绘制插画的方法，利用不同的方法和技巧可以创作出形式多样、风格独特的插画作品。这些不同风格的插画作品如图 7-1 所示。

a）休闲插画

b）Bert Monroy 作品

图 7-1　通过绘制技巧体现出的不同风格

其中，图 7-1a 是用淡彩效果来表现蒲公英的质感，作品体现出了温馨的氛围。图 7-1b 所示的是插画家 Bert Monroy 的作品，作品的细腻程度可与照片相比。本章主要介绍制作羽毛的技巧及使用照片制作插画的技巧。另外，在案例中还介绍了有关印刷品的制作方面的知识。

7.1　羽毛的绘制

本节是以翠鸟绘制为例，着重介绍使用 Photoshop 画笔工具绘制羽毛的方法。

7.1.1　画笔工具

使用 Photoshop 的画笔工具可以绘制出各种效果，这些效果如图 7-2 所示。

a）

b）

c）

d）

图 7-2　不同的笔触效果

其中，图 7-2a 是利用画笔工具，调节画笔的软硬度和透明度来体现羽毛的质感；图 7-2b 是使用特殊的画笔笔尖形状来绘制毛茸茸的羽毛；图 c 是使用较软的画笔笔刷来刻画鱼鳞、鱼翅等部分的细节，来产生立体感；图 d 是通过调节画笔工具的软硬度和笔触长短进行绘制，以使画面具有层次感。

7.1.2　造型

翠鸟颜色鲜艳、小巧玲珑、叫声清脆，捕捉小鱼时动作迅速、敏捷，十分惹人喜爱。翠鸟是很多插画师创作的题材。翠鸟的照片如图 7-3 所示。

a）蓝色的翠鸟

b）绿色的翠鸟

图 7-3　翠鸟照片

根据照片特征，绘制出 4 个翠鸟的造型，如图 7-4 所示。

a）常规态造型

b）捉鱼态造型

c) 张望态造型　　　　d) 在树枝上站立造型

图 7-4　草图效果

7.1.3　草图数字化

1. 输入计算机

扫描草图并输入到计算机中，4 张草图文件分别命名为“翠鸟 1.jpg”、“翠鸟 2.jpg”、“翠鸟 3.jpg”、“翠鸟 4.jpg”。输入方法详见第 3 章 数字插画设计的一般步骤中的 3.3 草图数字化。

1）分层制作封闭路径区域

本例中，将分两个图层绘制翠鸟。第一个图层为光滑部分，如嘴、脚和眼睛等；第二个图层为羽毛部分。绘制和操作过程如下。

（1）在 Photoshop 中打开草稿文件“翠鸟 1.jpg”，如图 7-5 所示。

图 7-5　打开草稿文件“翠鸟 1.jpg”

（2）新建一个图层 1，使用钢笔工具将翠鸟的嘴、脚和眼睛部份分别勾画出闭合路径，效果如图 7-6 所示。

图 7-6 勾画出闭合路径

2）填充颜色

（1）将路径转换为选区，并填充颜色，效果如图 7-7 所示。

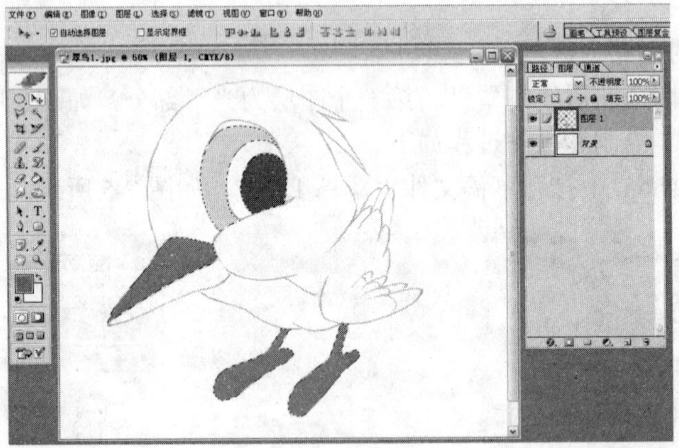

图 7-7 填充颜色

（2）新建一个图层 2，使用同样的方法为相邻的区域填充颜色，效果如图 7-8 所示。

图 7-8 为相邻的区域填充颜色

说明：此步骤填充颜色的主要目是为了更好地区分路径区域，因此可以选用替代色。

7.1.4　上色

在为翠鸟的嘴、脚和眼睛上色时，可使用软硬适中的笔刷进行绘制；在为羽毛上色时，可选择能够绘出羽毛效果的画笔进行绘制。为了使画面具有层次感，需要调整画笔的颜色、大小、长短及软硬度。

1. 色彩模式

通常情况下，输出或印刷的色彩模式为 CMYK 模式，网站发布的色彩模式为 RGB 模式。绘画者应根据不同的需要来选择色彩模式。

2. 色彩搭配

翠鸟的羽毛在本例中被设置为绿色，并与少量的蓝色搭配，嘴和脚被设置为橘红色。绿色的羽毛与橘红色的嘴、脚在色彩上形成了强烈的对比，突出了翠鸟色彩鲜艳、活泼可爱的特征。初步绘制出的色彩效果如图 7-9 所示。

图 7-9　色彩搭配

3. 上色方法

1）选区部分

（1）按下 Ctrl 键的同时单击图层 1，选取图层 1 上的内容，效果如图 7-10 所示。

图 7-10　选取图层 1

（2）选择画笔工具，使用光滑的笔触效果进行绘制，效果如图 7-11 所示。

（3）使用同样的方法绘制图层 2，效果如图 7-12 所示。

图 7-11　图层 1 绘制效果

图 7-12　图层 2 绘制效果

2）绘制羽毛部分

（1）打开画笔面板，选择“粗边圆形钢笔”笔尖形状，如图 7-13a 所示，调整笔触动态如图 7-13b 所示。

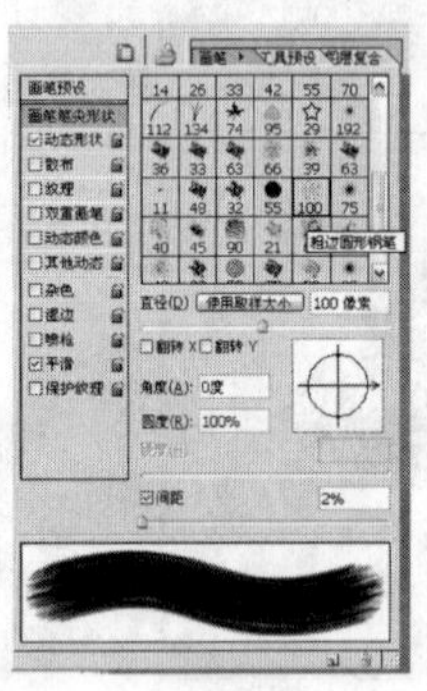

a）“粗边圆形钢笔”

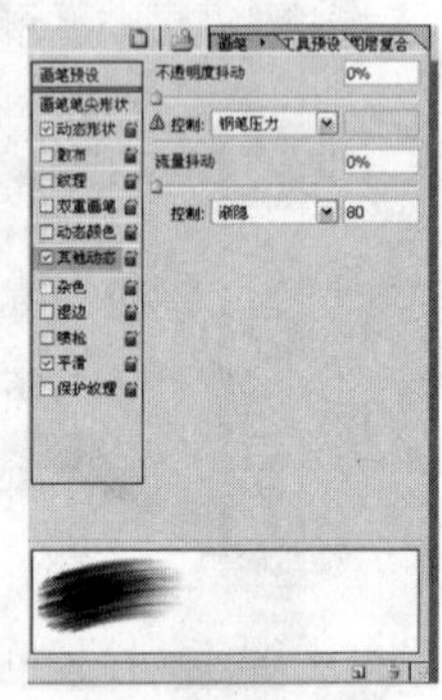

b）笔触动态

图 7-13　选择画笔

（2）选择适合的颜色绘制翠鸟的羽毛，绘制出的笔触效果如图 7-14 所示。

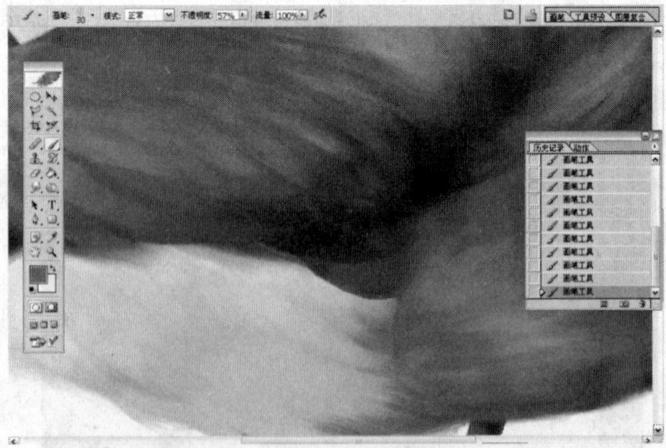

图 7-14　笔触效果

（3）绘制出所有羽毛部分的初步效果，如图 7-15 所示。

（4）绘制细节。不断调整色彩和画笔笔触效果，在羽毛表层绘制清晰的羽毛肌理效果，增强画面层次感，效果如图 7-16 所示。

图 7-15　初步色调

图 7-16　羽毛细节效果

（5）翠鸟的羽毛颜色非常丰富，在翠鸟的眼部和嘴部绘制白色的羽毛，丰富色彩效果，白色羽毛的效果如图 7-17 所示。

（6）在白色的羽毛上覆盖黄色羽毛，与胸口部分相呼应，绘制完成的常规态造型效果如图 7-18 所示。

图 7-17　白色羽毛效果

图 7-18　常规态造型效果

（7）使用同样的方法绘制其他三个翠鸟的造型，绘制完成的效果如图 7-19 所示。

a）捉鱼态造型

b）张望态造型

c）树枝上站立造型

图 7-19 绘制完成的效果

7.1.5 增加背景及印刷品制作

为所绘制的翠鸟增加背景，可以选用绘画作品、图片等与翠鸟进行合成。本例是选用了一张图片作为翠鸟的背景。

1. 背景合成

（1）选择的背景画面，效果如图 7-20 所示。

图 7-20 背景画面

（2）将翠鸟放置于背景画面合适的位置，与画面协调统一，合成效果如图 7-21 所示。

图 7-21 合成效果

2. 印刷品制作

合成后的画面可以用来制作成多种形式的印刷品，例如：海报、书签、卡片等，本例以制作卡片为例，介绍印刷品的制作方法和过程。

制作卡片，首先要确定卡片的尺寸和规格。本例中，卡片成品尺寸设定为 10cm×10cm，卡片规格为两折页。卡片尺寸和规格如图 7-22a 所示，正反面拼版效果如图 7-22b 所示

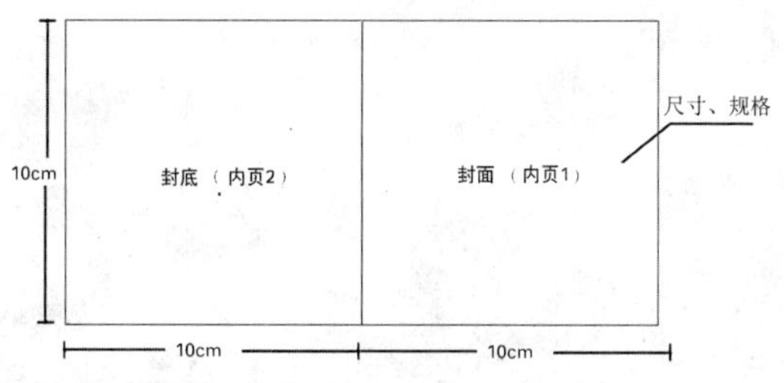

a）卡片尺寸和规格

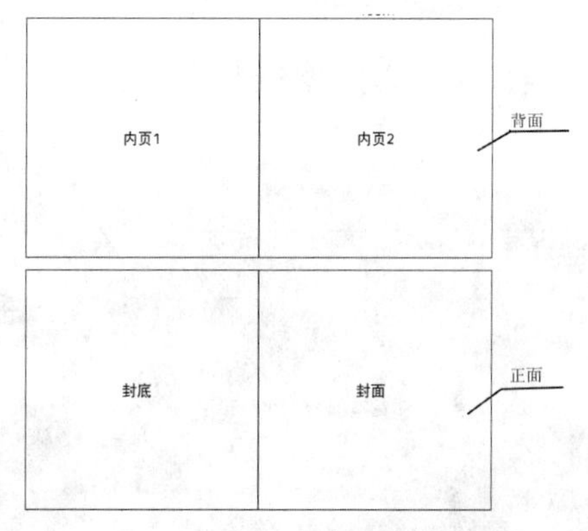

b）正反面拼版

图 7-22　制作卡片

卡片制作过程如下。

1）制作卡片内页

（1）在 Photoshop 中新建一个文件，命名为“卡片内页”，在对话框中设置相应的参数，如图 7-23 所示。

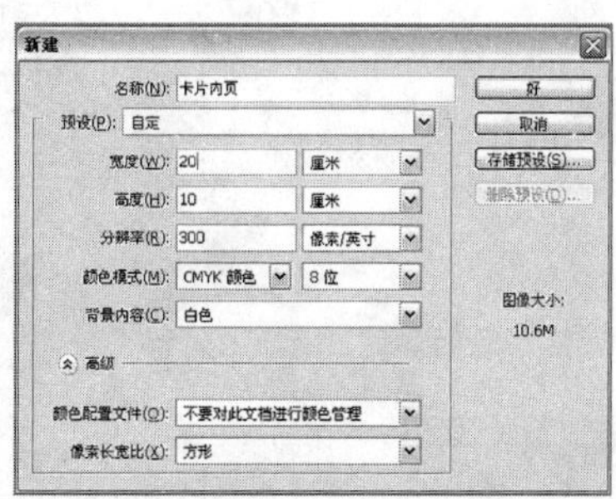

图 7-23　新建文件

（2）打开合成后的画面，使用移动工具，将画面移动至新建的文件“卡片内页”上，调整大小至理想位置，如图 7-24 所示。

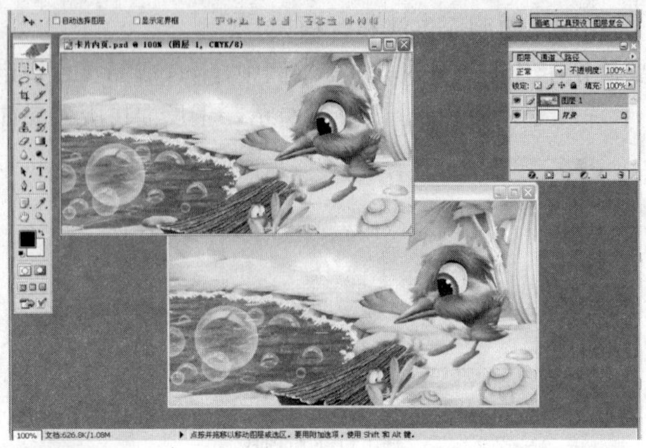

图 7-24　移动画面

（3）在文件上设置参考线作为中心折线。选择“视图”→“新参考线”，在弹出的对话框中设置参数，如图 7-25 所示。

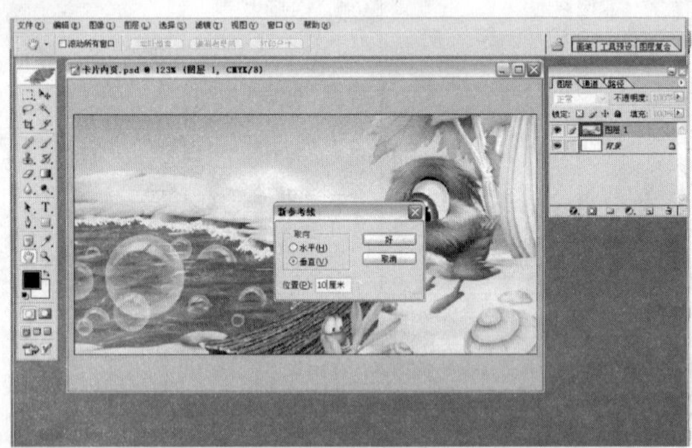

图 7-25　设置参考线

（4）新建一个图层，单击工具箱中的“圆角矩形工具”，在文件上绘制一个矩形框，效果如图 7-26 所示。

图 7-26　绘制圆角矩形框

（5）选择图层1并单击右键，在弹出的下拉菜单中选中“删格化图层”，如图7-27所示。

（6）降低白色矩形框的透明度。在图层面板上拖动“透明度”的滑杆，使画面隐约呈现出本身的效果，此部分可作为留言区域，如图7-28所示。

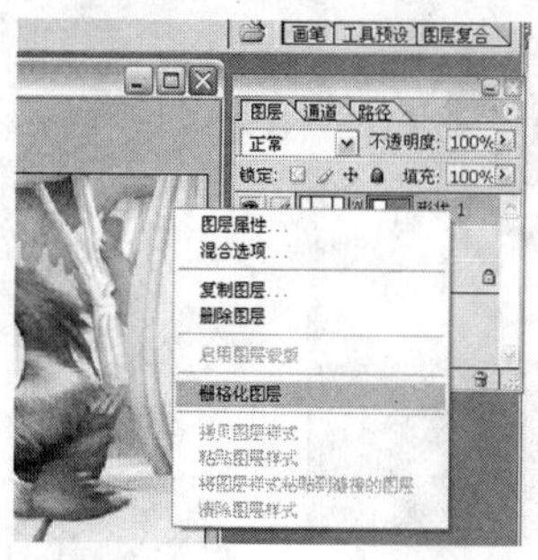

图7-27　删格化图层

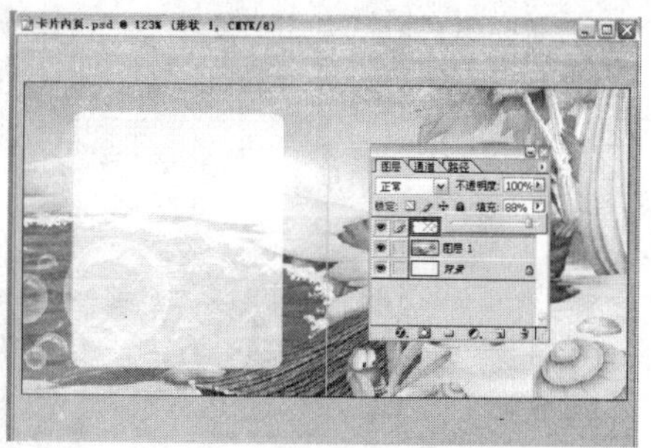

图7-28　调整透明度

2）制作卡片封面及封底

（1）在Photoshop中新建一个文件，将尺寸设定为10cm×10cm，文件命名为“卡片封面.psd”，效果如图7-29所示。

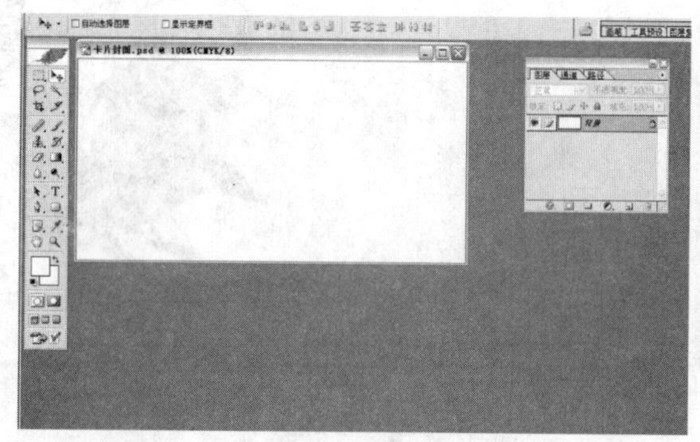

图7-29　卡片封面

（2）在中线上设置参考线，将文件“翠鸟1 .psd”中的线条移动至文件“卡片封面.psd”上，根据对折后的位置，使翠鸟的线条轮廓正好覆盖在内页中翠鸟的位置上，效果如图7-30所示。

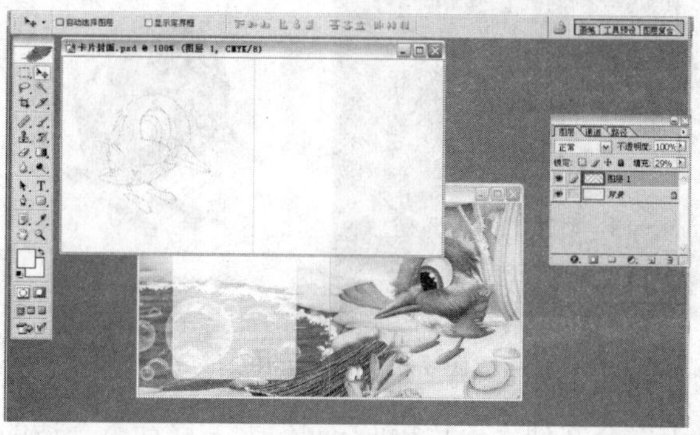

图7-30　线条轮廓位置

（3）根据线条轮廓抠出鸟的形状，抠出部分以黑色显示，效果如图 7-31 所示。

图 7-31　抠出鸟的形状

（4）在封面上添加文字，效果如图 7-32 所示。

图 7-32　添加文字

（5）制作卡片封底。使用“矩形框”工具在卡片封底位置制作出选区，并填充颜色为绿色，效果如图 7-33 所示。

图 7-33　填充颜色

（6）移动“翠鸟 1 ”至文件“卡片封面.psd”上，移动至合适的位置并调整大小，效果如图 7-34 所示。

图 7-34　移动线条

（7）制作完成的卡片效果如图 7-35 所示。

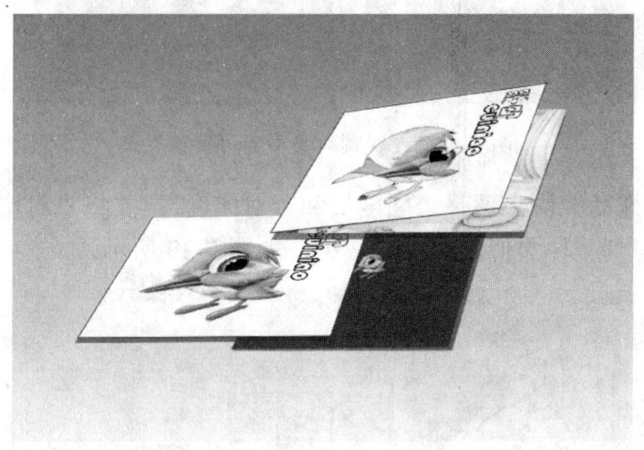

图 7-35　制作完成的卡片效果

7.2　使用照片制作插画的技巧

在 Photoshop 中将照片制作成插画效果，是插画设计中常用的技巧之一。制作方法如下。

（1）在 Photoshop 中打开用于制作插画效果的照片，最好选择未经过任何处理的照片，如图 7-36 所示。

（2）复制图层，复制后的新图层名为“背景 副本”，如图 7-37 所示。

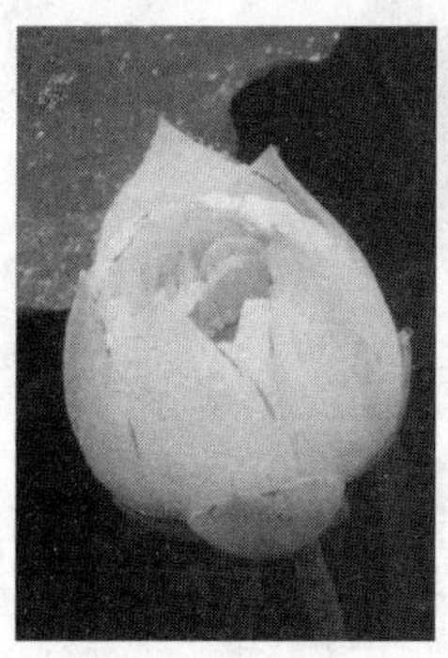

图 7-36　照片

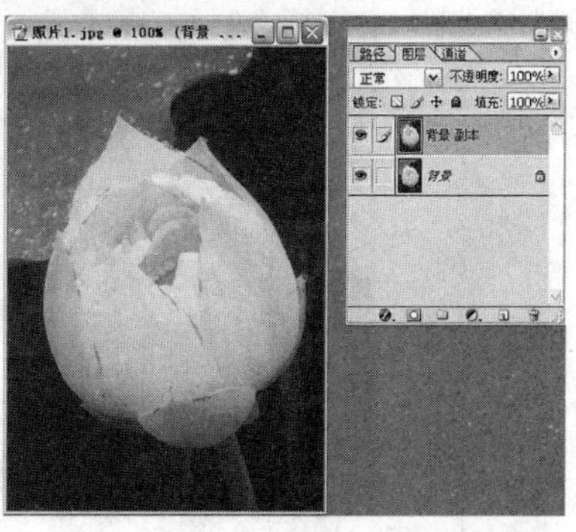

图 7-37　复制图层

（3）选择“滤镜”→“纹理” →“颗粒”命令，在弹出的“颗粒”对话框中设置颗粒类型为“斑点”，如图 7-38 所示。

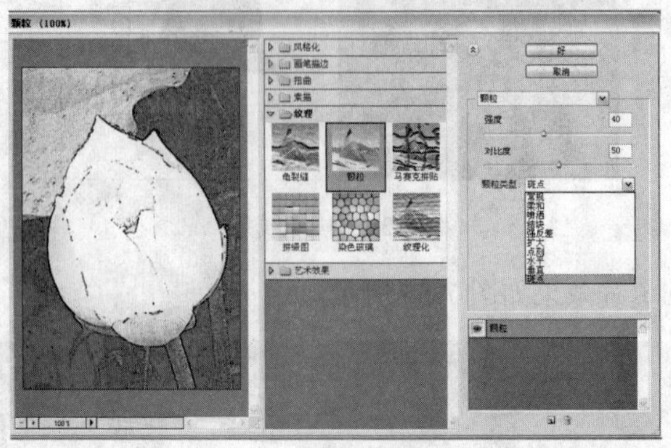

图 7-38　设置颗粒类型为“斑点”

（4）使用鼠标拖动滑块来调整“强度”和“对比度”，并将“对比度”设置为最大，单击【好】按钮，得到一种类似淡彩画的效果，如图 7-39 所示。

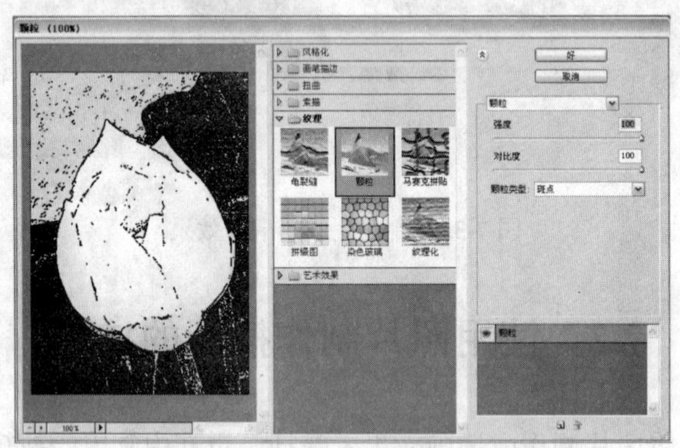

图 7-39　调整“强度”和“对比度”

（5）选择“图像”→“调整”→“色阶”命令，或直接按 Ctrl+L 键，在弹出的“色阶”对话框中，用鼠标拖动右边的白色三角滑块向左移调整到理想效果，单击【好】按钮，效果如图 7-40 所示。

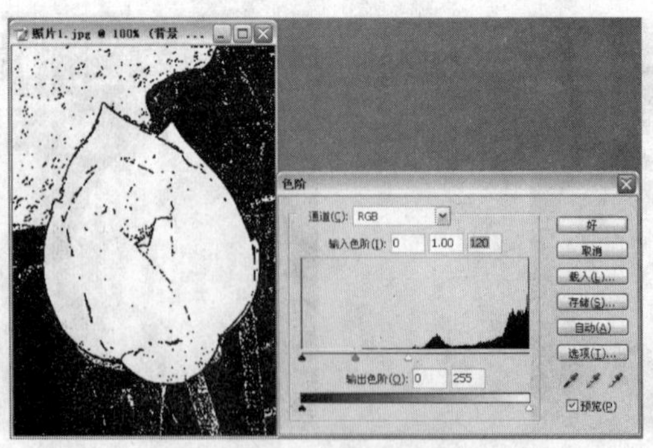

图 7-40　调整色阶

（6）选择“图像”→“调整”→“照片滤镜”命令，弹出对话框如图 7-41 所示。

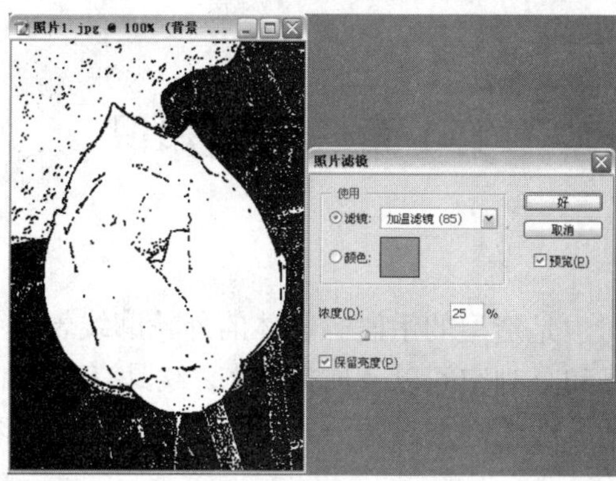

图 7-41　照片滤镜

（7）在“滤镜”下拉列表中选择所需要的颜色，取消“保留亮度”选项，会得到不同的色彩效果，本例选择黄色如图 7-42 所示。

（8）调整浓度，移动浓度滑块选择所需要的色彩效果，如图 7-43 所示。

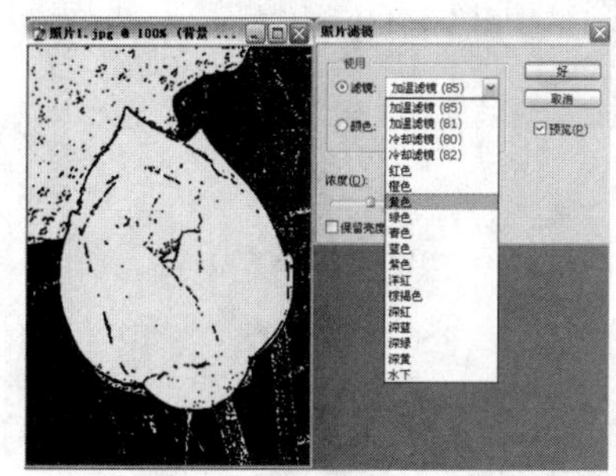

图 7-42　滤镜颜色

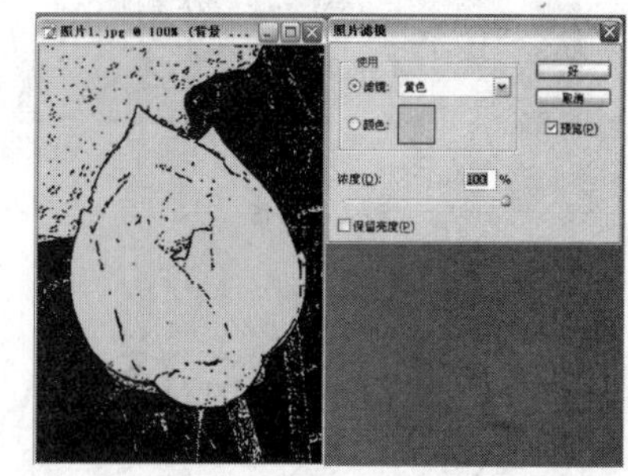

图 7-43　调整色彩浓度

（9）制作完成后，保留原始照片图层备用。完成效果如图 7-44 所示。

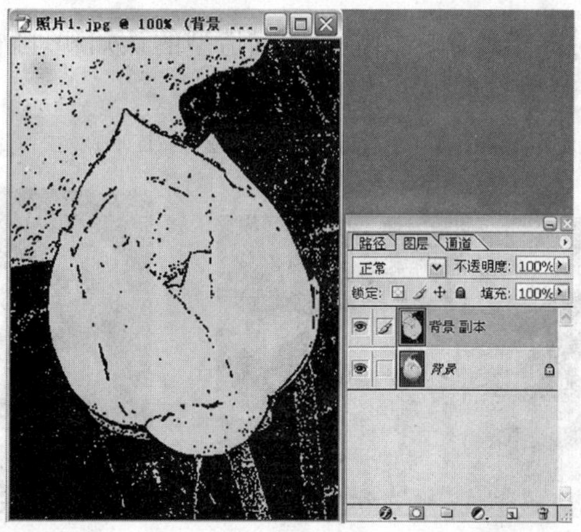

图 7-44　完成效果

附录　习　题

第 1 章　基础知识

练习一　线描造型

线是面的概括，同时也是造型的手段。物体的外轮廓线表明了物体的基本形象特征，物体与环境的分界线显示和分割空间以及捕捉形态。线具有高度的表现力，可以表现长度、宽度、色调、明暗和质地。线的轻重、深浅、粗细、虚实，能够表现出不同的视觉效果。

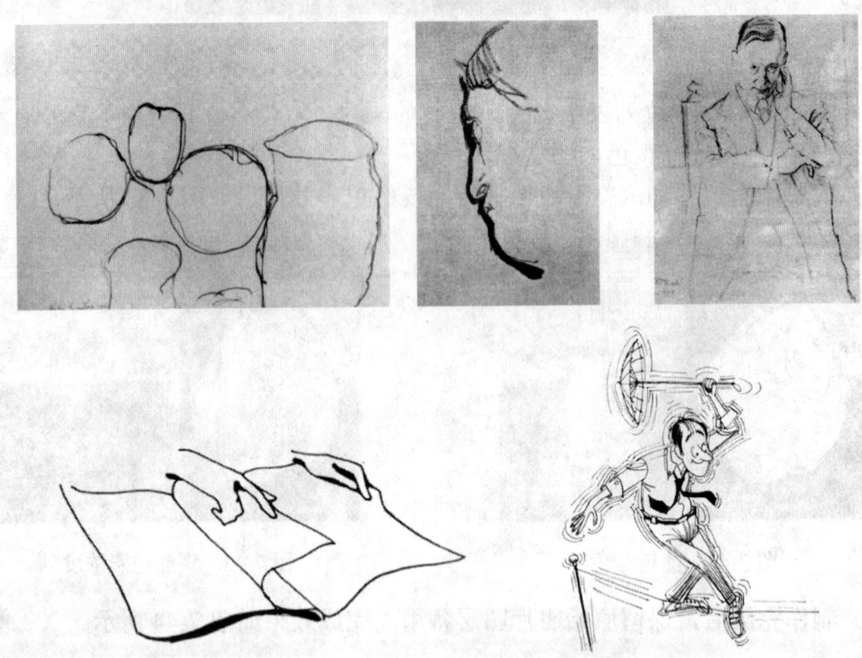

1）练习目的：通过动手绘画，加强对线描造型的认知和理解。

2）方法和要求

参考下面图例，使用线描造型的方法将画面绘制出来。

练习二　明暗造型

物体的形态是在光的作用下表现出来的，物体本身的明度也是受光的影响而变化的，或明或暗。

1）练习目的：通过动手绘画，加强对明暗造型的认知和理解。

2）方法和要求

参考下面图例，使用明暗造型的方法将画面绘制出来。

练习三　线条

线条是绘画艺术中的基本要素，是绘画最重要的艺术语言和表达方式。线条能够迅速、简便地表现物象。线条具有多种特征和类型，具有丰富的表现潜力和强烈的感情特征，有着独立的审美价值。

1）练习目的：通过动手绘画，加强对线条的认知和理解。

2）方法和要求

参考下面图例，临摹或创作出卡通式、随意式、白描式、影调式四种线条形式。

卡通式

随意式

白描式　　　　影调式

练习四　构图

构图是指作品中艺术形象的结构配置方法。构图是根据题材、主题思想和形式美感的要求，将经过选择的各个对象，按一定的形式法则适当地组织安排在画面上，以构成一个协调的完整的画面，来明确地表达其主题内容。构图在中国画中被称为“布局”、“章法”或“经营位置”。

1）练习目的：通过动手绘画，加强对构图的认知和理解。

2）方法和要求

绘制 6 个苹果，并按一定的形式法则适当地组织安排在画面上，构成一个协调而完整的画面。

练习五 色彩

色彩是绘画的重要元素之一。通过光的反射和折射，人的视觉感官感知到色彩。由于物体质地不同，和对各种色光的吸收和反射的程度不同，使世间万物形成千变万化的色彩。

1. 明度

明度是指色彩的明暗程度。明度主要是由光波的振幅所决定的。明度最高的是白色，最低的是黑色。一个物体表面的光反射率越大，明度就越高，对视觉的刺激的程度越大，看上去也就越亮。在所有彩色中，黄色为明度最高的颜色，紫色是明度最低的颜色。

1）练习目的：通过练习感知明度并熟悉使用工具。

2）方法和要求

用水彩或铅笔等工具在下面的方框中绘制出黑白明度。

2. 色相

色相是指色彩的相貌。是区别色彩种类的名称。指不同波长的光给人的不同感受。如果说明度是色彩的骨格，色相就是色彩华丽的肌肤。色相体现着色彩的个性，是色彩的灵魂。

光谱中各色相显示着色彩的原始样貌，构成了色彩体系中的基本色相。光谱中，红、橙、黄、绿、蓝、紫每一种色相都有自己的波长和频率，人们给这些可以相互区别的色定出名称，久而久之就会有一个特定的色彩印象，这就是色相的概念。

1）练习目的：通过练习感知色相并熟悉使用工具。

2）方法和要求

用水彩、马克笔或彩色铅笔等工具在下面的方框中绘制色环。

3. 纯度

纯度是指色彩的鲜净程度，也可以说指色相感觉的明艳及鲜灰程度。它取决于一种颜色的波长单一程度。光谱中，红、橙、黄、绿、蓝、紫等色是最纯的高纯度色光。颜料中的红色是纯度最高的色相。蓝绿色是纯度低的色相。任何一个色相混白、混黑、混灰、混补色都会降低其纯度，混入的越多纯度越低。

1）练习目的：通过练习感知纯度并熟悉使用工具。

2）方法和要求

用水彩、马克笔或彩色铅笔等工具在下面的方框中绘制出三种颜色的纯度。

4. 色彩的联想

当人们看到某颜色时，必然会将它与其相关的精神、内涵、意义、形态等相联系，这就是所谓的联想。色彩的联想是通过过去的经验，记忆或知识而取得的。色彩的联想可分为具体的联想与抽象的联想。

1）练习目的：通过练习体验对不同色彩所产生的联想。

2）方法和要求

在下面的表格中填写出对不同色彩所产生的联想。

色彩的联想

颜色	具体的联想	抽象的联想
红色		
橙色		
黄色		
绿色		
蓝色		
紫色		
黑色		
白色		
灰色		

5. 色彩的象征

象征是由联想并经过概念的转换后形成的思维方式。色彩的象征是联想经多次反复后思维方式里固定了的专有表情，于是在思维中某色就变成了某事物的象征。

1）练习目的：通过手绘练习感知不同色彩的象征。

2）方法和要求

在下面空白处绘制出 4 个不同的画面，分别体现出喜庆、冷静、恐怖、温馨 4 种象征。

练习六 插画风格认知

1. 写实风格

写实风格的插画呈现给我们的是一个看似真实的画面，但它并不是一个与客观世界一模一样的画面，而是一个经过插图创作者精心构思和组织的画面。摄影技术在写实方面具有无可比拟的优越性，借助摄影技术的帮助，综合运用各种绘画中的写实表现手法的插画具有更加丰富的表现力和更加独特的艺术性。许多插画师在创作时运用铅笔、水彩、丙烯颜料、油画颜料等各种材料或者多种材料共同使用，会呈现出不同的质感和肌理效果，同时能够借此传达创作者的意念、情感以及个性。

1）练习目的：通过练习感知写实风格的插画。

2）方法和要求

选取具有写实风格的插画图片打印出来。

2. 抽象风格

抽象风格是相对于写实风格而言的，它一般是根据点、线、面、色彩等元素，通过自由组合构成非具象的画面。抽象风格的插画受现代抽象绘画的影响，表现手法不拘一格、形式丰富多样、时代特征鲜明，给人以更多的想像空间。

1）练习目的：通过练习感知抽象风格的插画。

2）方法和要求

选取抽象风格的图片打印出来。

3. 装饰风格

装饰风格的插画强调画面的平面化、图案化、富有装饰性，通过对表现内容的归纳、简化和夸张，运用重复、对比、穿插等形式法则，创作出精美独特的插画作品。因其较强的审美特征而被广泛运用于各种领域。

1）练习目的：通过练习感知装饰风格的插画。

2）方法和要求

选取具有装饰风格的插画图片打印出来。

4. 卡通风格

卡通风格的插画极具个性、富有亲和力，能使要表现的主题更加生动、有趣，如今的卡通形象创作已不再只是针对少年儿童，越来越多的成年受众也对卡通特别青睐，其亲和力很容易打动观众并在人们心中建立良好的形象。卡通形象的创作要求在表现对象的基础上进行，运用夸张、变形等手法突出其性格特征。

1）练习目的：通过练习感知卡通风格的插画。

2）方法和要求

选取具有卡通风格的插画图片打印出来。

练习七 插画主题

插画的表现主题主要分为幽默性、讽刺性、象征性、幻想性、意象性、直叙性、寓言

性、装饰性。

1）练习目的：通过练习感知不同的插画主题。

2）方法和要求

分别选取具有讽刺性、象征性、幻想性、意象性、直叙性、寓言性、装饰性的插画图片打印出来。

第 2 章　插画技术

Photoshop　CS 操作

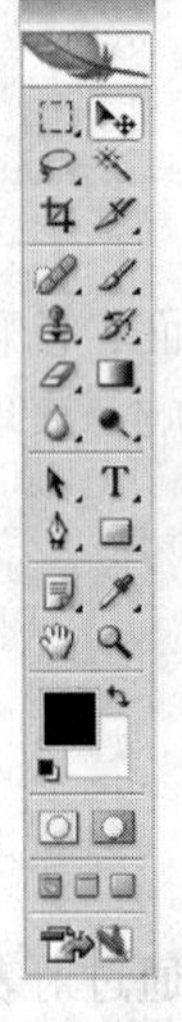
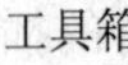

工具箱

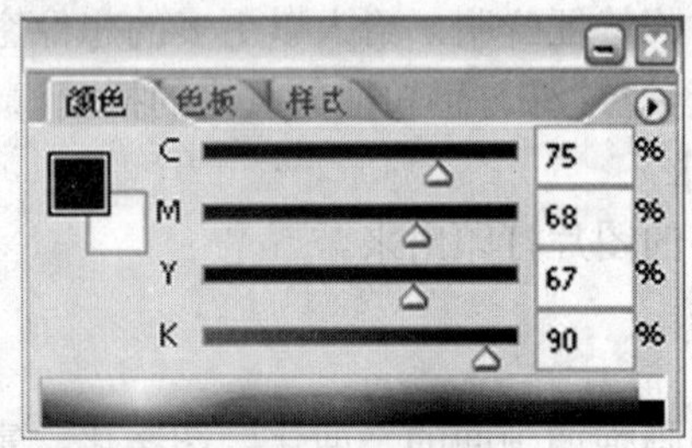

颜色面板

文件窗口

练习一　Photoshop CS 界面练习

1）练习目的：掌握文件的基本操作。

2）方法和要求

（1）下图为 Photoshop CS 的界面，请在括号中填写出相应的界面名称，并在计算机上浏览 Photoshop CS 中各个界面工具。

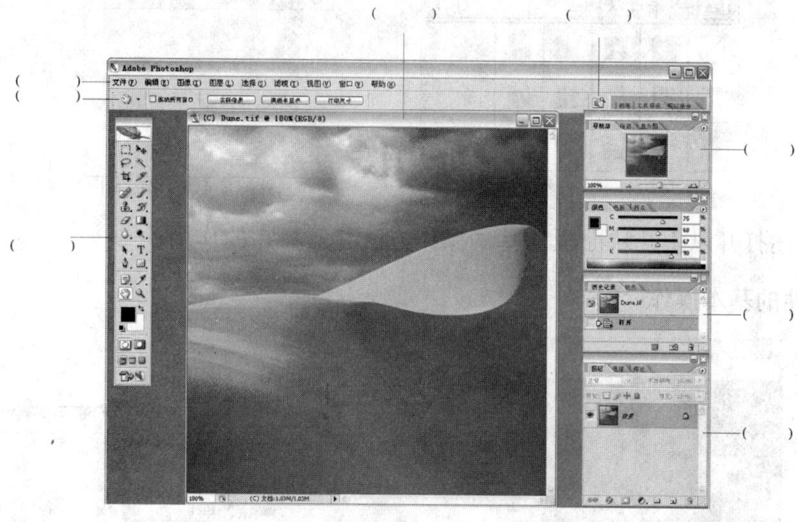

（2）叙述图像菜单的主要功能如何改变图像的颜色模式。

练习二 工具选项

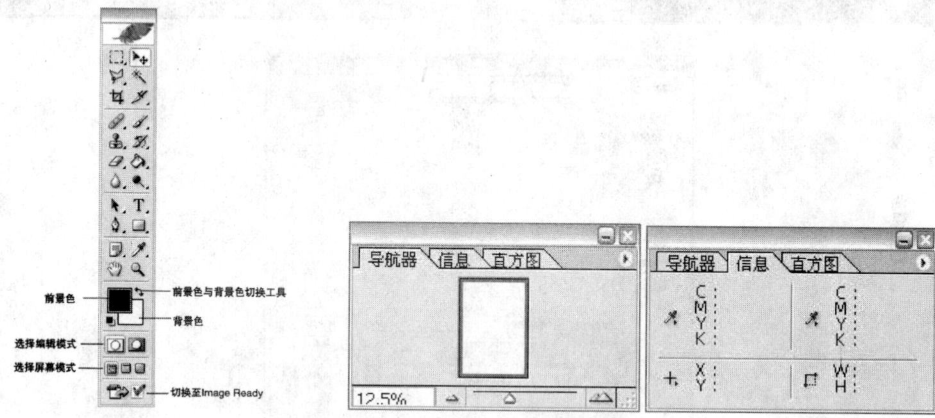

1）练习目的：熟悉 Photoshop CS 的常用工具及操作。

2）方法和要求

（1）在软件中打开以下面板并标出其名称。

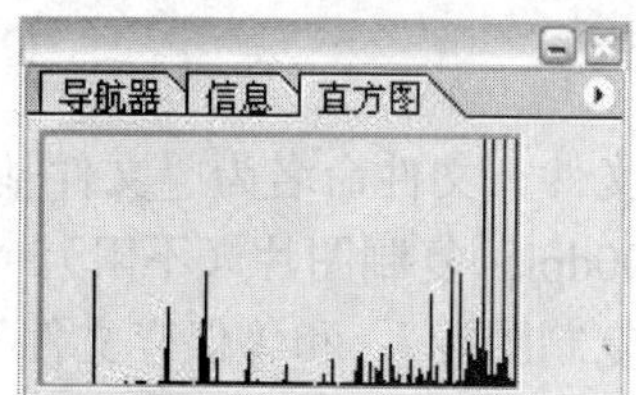

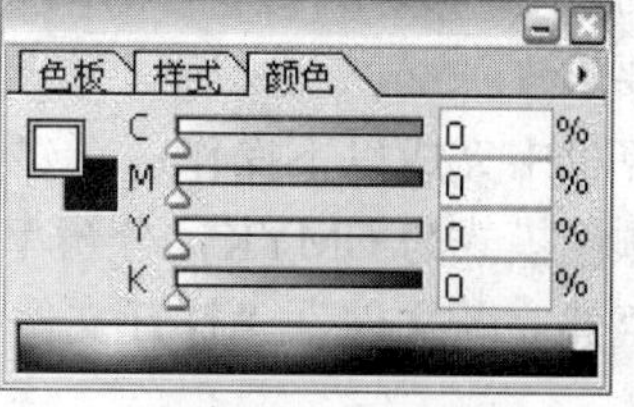

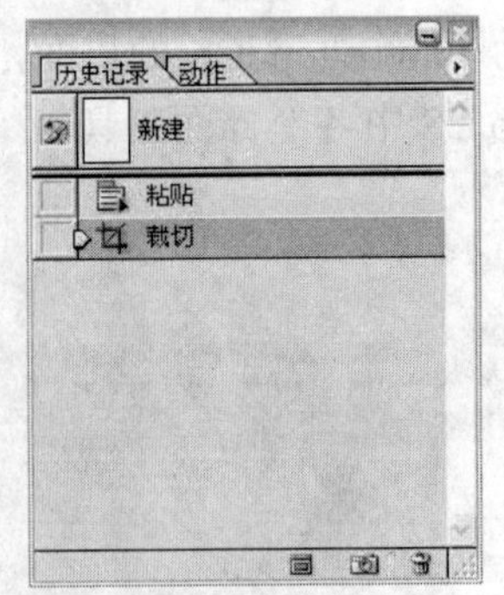

（2）叙述打开以上几块面板的基本操作方法并解释它的作用。

练习三　文件的基本操作

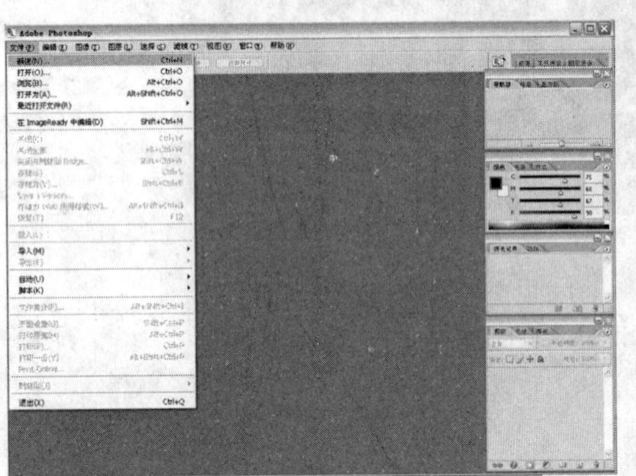

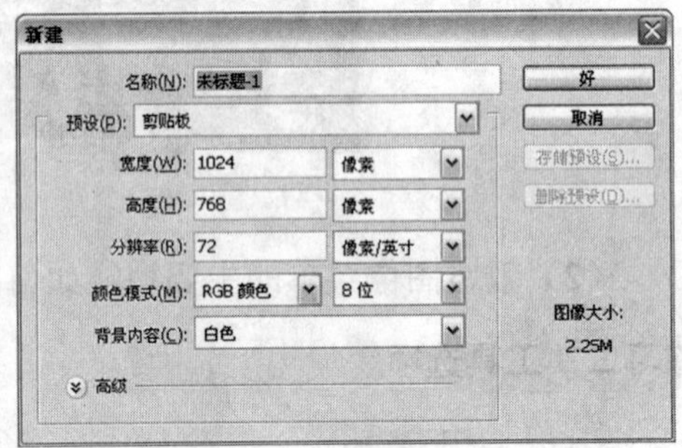

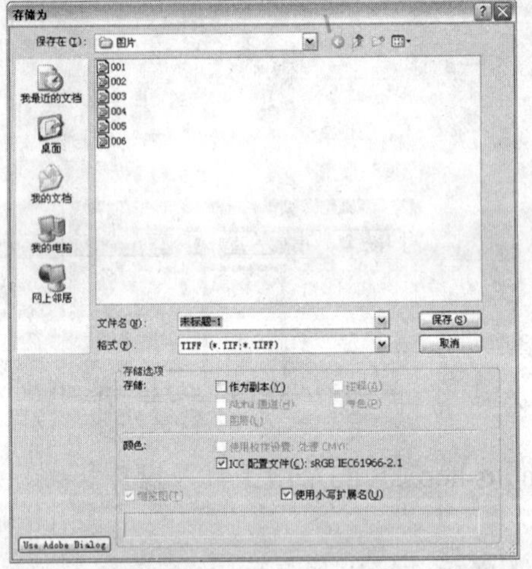

1）练习目的：掌握文件的基本操作。

2）方法和要求

（1）在计算机中完成以下操作：新建一个文件。文件命名为“文件基本操作.psd”文件大小为 A4，颜色模式为 CMYK，分辨率为 300dpi。复制图片（不限）。存储文件。

（2）叙述“建立新文件”、“打开文件”、“复制图片”、和“保存文件”的基本步骤。

练习四　多边形套索工具的操作

1）练习目的：通过练习能掌握“多边形套索工具”的使用技巧。

2）方法和要求

（1）在计算机中完成以下操作：参照下面图例，在 Photoshop CS 中使用“多边形套索工具”修改背景区域，练习完成后保存文件。

（2）叙述“多边形套索工具”的优点与缺点。

练习五 钢笔工具的操作

1）练习目的：通过练习能掌握“钢笔工具”的使用技巧。

2）方法和要求

（1）在计算机中完成以下操作：参照下面图例，准备两张图片，在 Photoshop CS 中使用“钢笔工具”修改背景区域，练习完成后保存文件。

（2）叙述“钢笔工具”的优点与缺点。

练习六 修改选区操作

1）练习目的：练习掌握“修改选取”的操作技巧。

2）方法和要求

（1）在计算机中完成以下操作：参照下面图例，在 Photoshop CS 中使用工具制作出以下图形效果，练习完成后保存文件。

（2）用文字叙述计算机操作的详细过程。

练习七　画笔工具

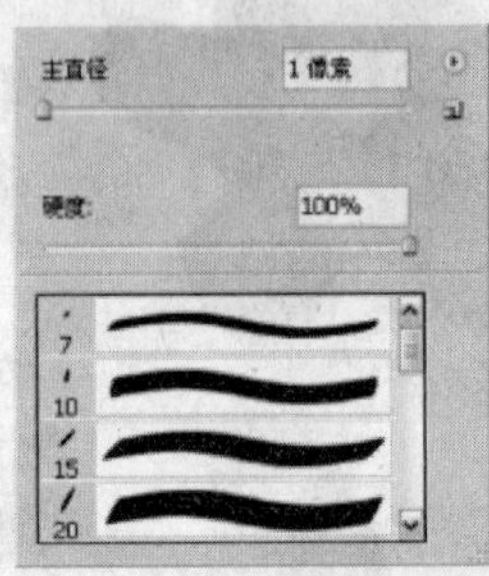

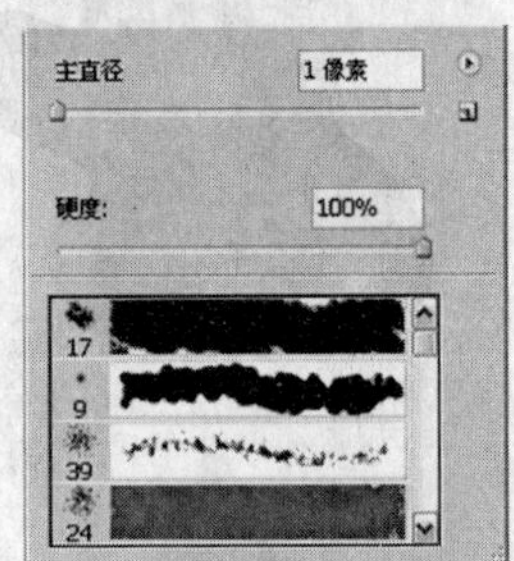

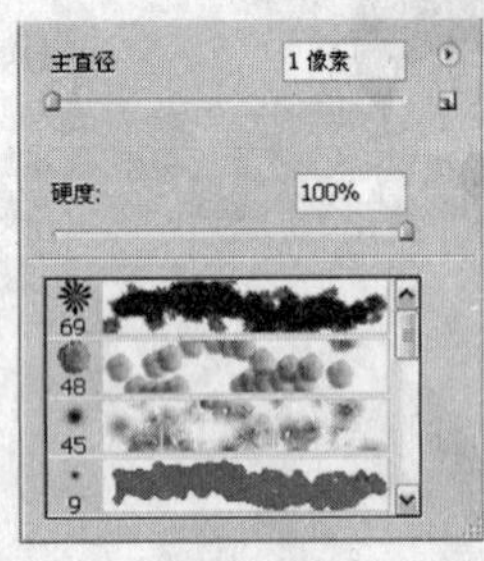

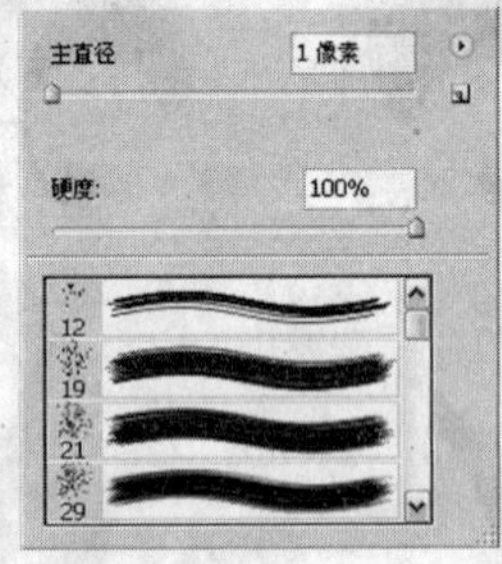

1）练习目的：掌握画笔工具的属性及操作技巧。

2）方法和要求

（1）运用 Photoshop CS 中的“画笔工具”绘制一幅作品。

（2）用文字叙述计算机操作的详细过程。

练习八　图层的操作

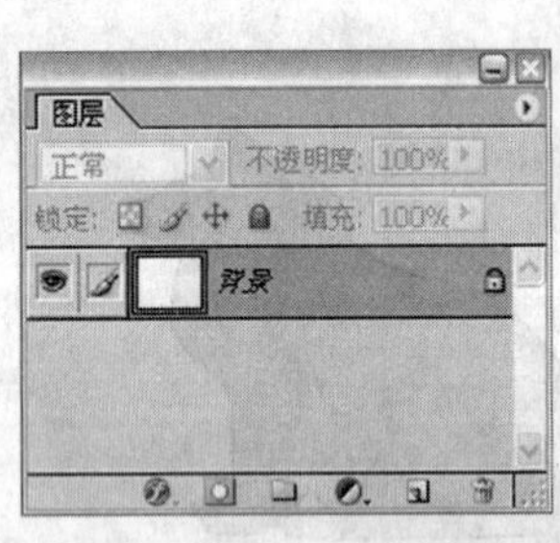

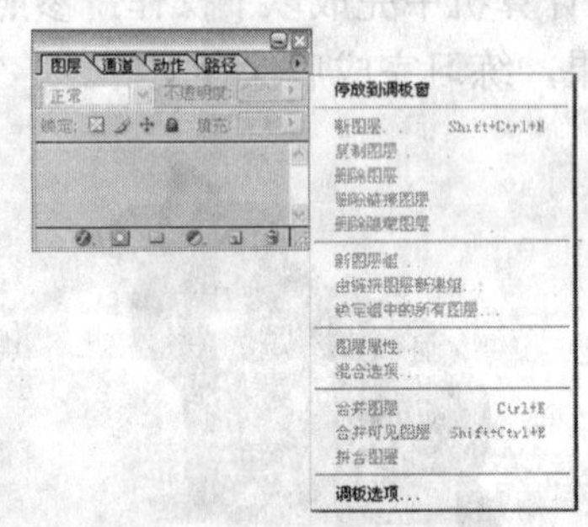

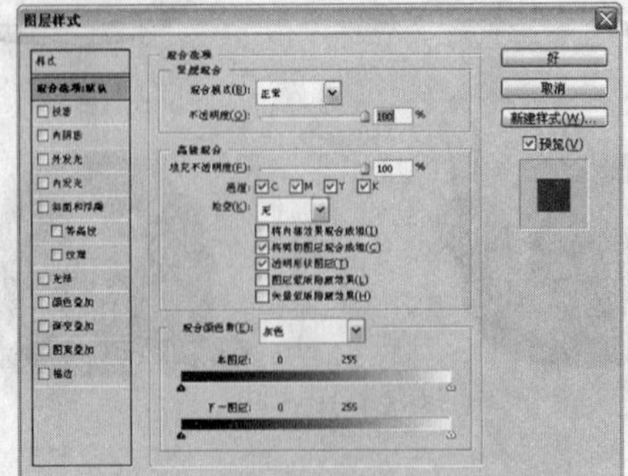

1）练习目的：通过练习掌握“图层”的操作技巧。

2）方法和要求

（1）参照下面的图例，任意使用两张图片进行练习，练习完成后保存文件。

（2）用文字叙述计算机操作的详细过程。

练习九　处理图像的基本操作

→

1）练习目的：通过练习能掌握处理图像的基本操作。

2）方法和要求

（1）在计算机中按下图所示完成操作。

（2）用文字叙述计算机操作的详细过程。

练习十　抠图技巧操作

1）练习目的：通过练习能熟练进行扣图操作。

2）方法和要求

（1）在计算机中完成以下操作：使用两张以上的图片进行练习，图片背景要求有一定

复杂程度。保存文件。

（2）叙述计算机操作的详细过程。

第 3 章 数字插画设计的一般步骤

练习一 创意构思

1）练习目的：通过练习，加强对创意构思的认知和理解。

2）方法和要求

分别根据下列两段文字进行插画的创意构思，并用文字叙述创意构思的过程。

- 以星期天为主题进行插画的创意构思。
- 以中秋节为主题进行插画的创意构思。

练习二 草图

1）练习目的

通过草图练习，熟悉和掌握草图的绘制方法和技巧。

2）方法和要求

参照练习一中的插画构思，绘制出草图效果。

练习三 线条

1. 线条临摹

1）练习目的

通过对十八描的临摹练习，熟悉各种不同线条的特征、变化以及绘制方法。

2）方法和要求

参照十八描图例，进行临摹绘制。

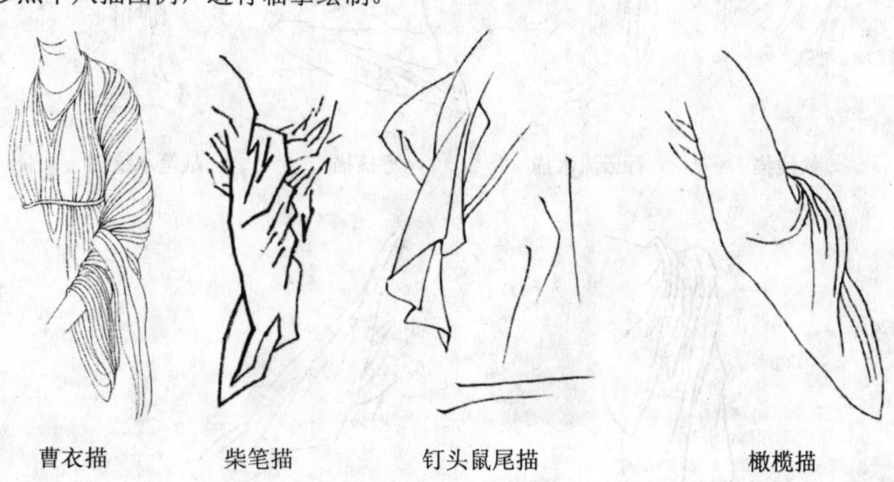

曹衣描　　柴笔描　　钉头鼠尾描　　橄榄描

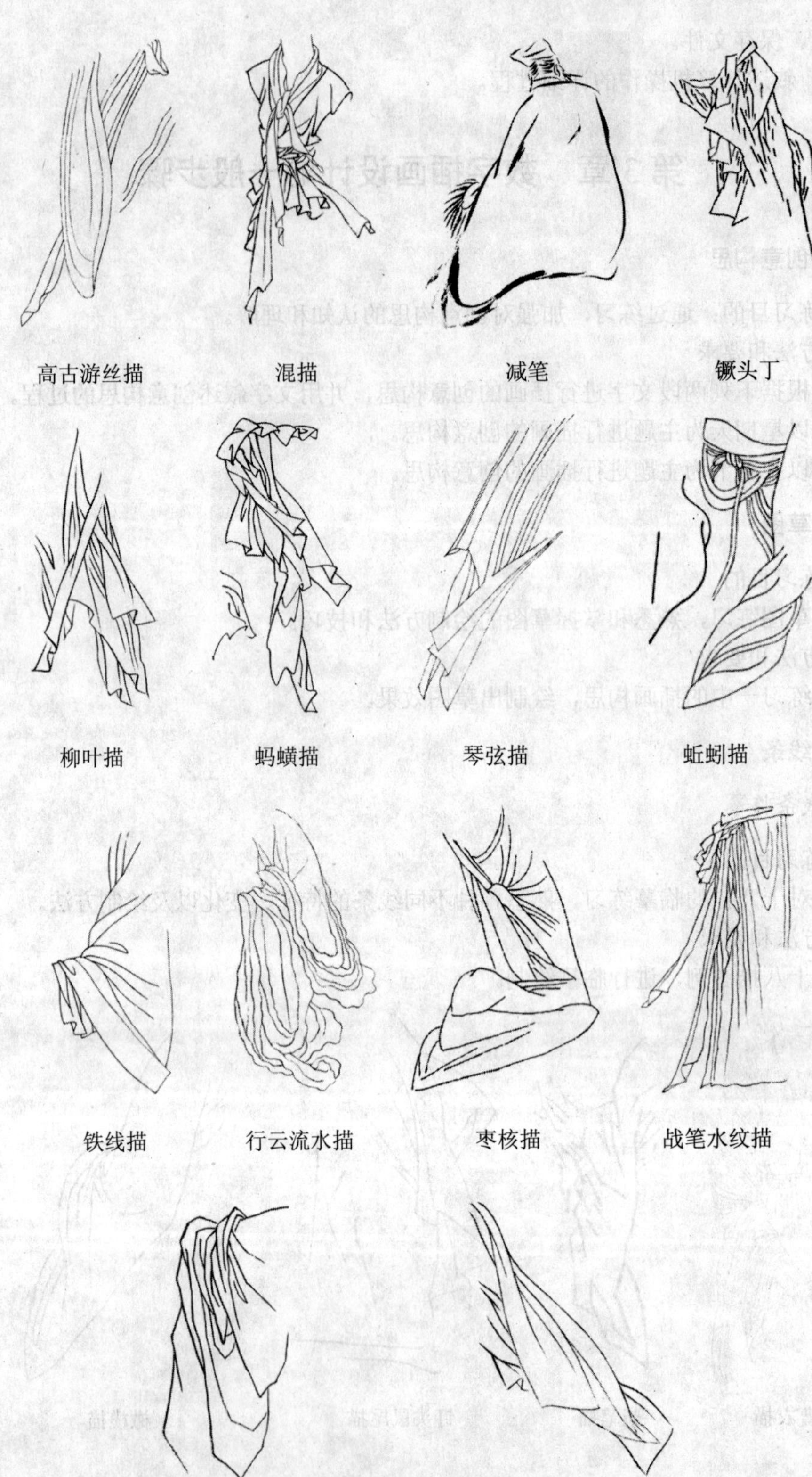

高古游丝描　混描　减笔　镢头丁

柳叶描　蚂蟥描　琴弦描　蚯蚓描

铁线描　行云流水描　枣核描　战笔水纹描

折芦描　竹叶描

2. 整理线条

1）练习目的

通过整理线条练习，熟悉整理和复制线条的方法和技巧。

2）方法和要求

参考图例，使用练习二中的线条进行复制。

原图

复制后的线条

3. 计算机线条处理

1）练习目的

通过计算机线条处理练习，掌握计算机线条处理的方法和技巧。

2）方法和要求

参照下面计算机线条处理的过程，在计算机中将练习三中的线条进行处理，并将处理后的线条效果打印出来。

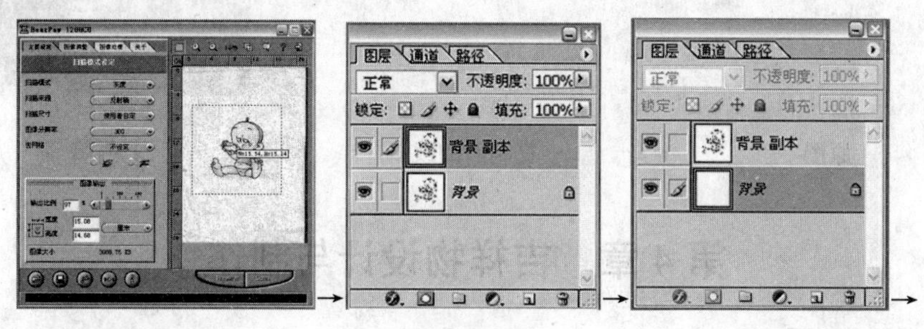

①扫描图 ② 复制图层 ③填充背景

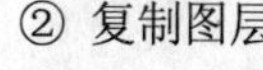

④清除杂质

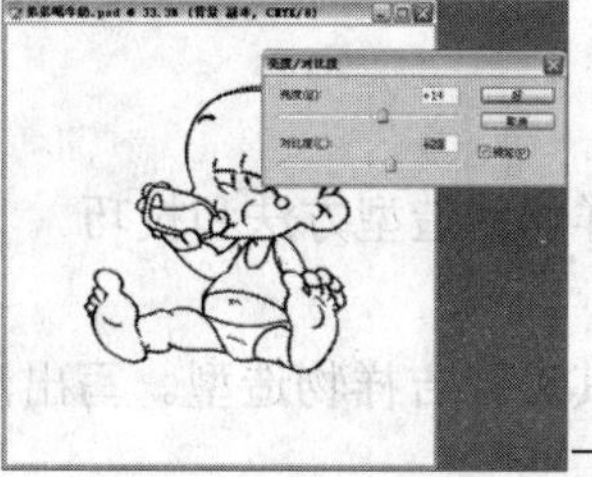

⑤调整亮度和对比度

⑥色彩范围

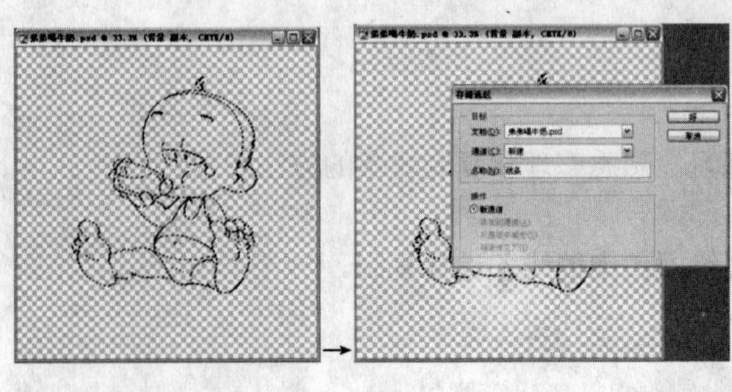

⑦选取线条　　⑧存入通道

练习四　上色

1）练习目的

通过计算机上色练习，掌握数字插画上色的方法和技巧。

2）方法和要求

参照下面图例效果，在计算机中将练习三中的线条稿进行上色，并将上色效果打印出来。

原图　　复制后的线条　　上色稿

第 4 章　吉祥物设计与制作

练习一　吉祥物造型练习

1. 文化吉祥物造型

1）练习目的

通过手绘造型的练习，掌握吉祥物的造型方法和技巧。

2）方法和要求

拟定一个文艺活动项目，并为其设计吉祥物造型。写出活动背景及创意构思，并绘制出吉祥物造型。

2. 企业吉祥物造型

1）练习目的

通过手绘造型的练习，掌握吉祥物的造型方法和技巧。

2）方法和要求

拟定一个企业并为其设计吉祥物造型。写出企业背景及创意构思，并绘制出吉祥物造型。

练习二　吉祥物线条练习

1）练习目的

通过手绘造型的练习，掌握吉祥物线条的处理方法。

2）方法和要求

分别将练习一中的文化吉祥物和企业吉祥物进行线条处理，并将处理效果打印出来。

练习三　吉祥物色彩练习

1. 色彩临摹练习

1）练习目的

通过色彩临摹的练习，掌握吉祥物上色的方法和技巧。

2）方法和要求

临摹下面图例，手绘或在计算机中绘制出吉祥物的色彩效果。

户外用品吉祥物“奔奔”　　作者：杨博

2. 实例练习

1）练习目的

通过计算机上色练习，掌握吉祥物上色的方法和技巧。

2）方法和要求

在计算机中将练习二中的文化吉祥物和企业吉祥物进行上色，并将绘制出的色彩效果打印出来。

练习四　背景合成

1）练习目的

通过背景合成练习，掌握吉祥物背景合成的方法和技巧。

2）方法和要求

在计算机中将练习三中的文化吉祥物和企业吉祥物进行背景合成，并将最终效果打印出来。

练习五　综合练习

1．体育吉祥物设计练习

1）练习目的

通过体育吉祥物设计练习，掌握吉祥物设计的方法和技巧。

2）方法和要求

拟订一个体育项目或运动会进行吉祥物设计，写出项目背景及创意构思，并将制作出的最终效果打印出来。

2．城市吉祥物设计练习

1）练习目的

通过城市吉祥物设计练习，掌握吉祥物设计的方法和技巧。

2）方法和要求

拟订一个城市进行吉祥物设计，写出城市背景及创意构思并将制作出的最终效果打印出来。

第 5 章　卡通插画设计与制作

练习一　卡通造型练习

1．动物卡通造型练习

1）练习目的

通过动物卡通造型练习，掌握卡通造型的方法和技巧。

2）方法和要求

为大象设计一个卡通造型，并绘制出草图效果。

2．人物卡通造型练习

1）练习目的

通过人物卡通造型练习，掌握卡通造型的方法和技巧。

2）方法和要求

为自己设计一个卡通造型，并绘制出草图效果。

练习二 卡通线条练习

1）练习目的

通过卡通线条练习，掌握卡通线条处理的方法和技巧。

2）方法和要求

分别将练习一中的动物卡通造型和人物卡通造型进行线条处理，并将线条效果打印出来。

练习三 卡通色彩练习

1. 色彩临摹练习

1）练习目的

通过卡通色彩临摹练习，掌握卡通的上色方法和技巧。

2）方法和要求

临摹下面图例，使用手绘方法或在计算机中绘制出来。

作者：李怡婷

2. 实例练习

1）练习目的

通过卡通色彩练习，掌握卡通的上色方法和技巧。

2）方法和要求

分别将练习一中的动物卡通造型和人物卡通造型进行上色，并将绘制效果打印出来。

练习四 综合练习

1. 卡通形象设计

1）练习目的

通过卡通形象设计练习，掌握卡通设计的方法和技巧。

2）方法和要求

为自己设计一个卡通形象，并将制作出的最终效果打印出来。

2. 卡通书籍插图设计

1）练习目的

通过卡通书籍插画设计练习，掌握卡通插画设计的方法和技巧。

2）方法和要求

拟订一本卡通书籍进行卡通插画设计，写出书籍背景及创意构思，并将制作出的最终效果打印出来。

第 6 章　故事插画设计与制作

练习一　故事插画造型

1. 童话故事插画造型练习

1）练习目的

通过童话故事插画造型练习，掌握故事插画造型的方法和技巧。

2）方法和要求

根据下面文字进行插画造型设计，写出创意构思，并绘制出草图效果。

简要故事内容：

鲨鱼在大海四处逞凶，鱼虾们做好了应急准备，大家最放心不下的是章鱼。螃蟹说：“唉，章鱼真是不幸，体内无骨头，皮外无鳞甲，他天生残疾，怎能保护自己？”“是呀。”鳚鱼也同情地说，“更可怜的是他没有鱼鳍没有尾巴，不能游泳，只会在海底爬。一旦有难，连逃命都来不及呀！说话间，鲨鱼窜过来了。螃蟹、鳚鱼和众鱼火速散开，四处躲避，惟有章鱼，还是一动不动地趴在海底。鲨鱼猛冲过去想饱餐这一美味。章鱼竟不慌张，只是伸展长腕，用吸盘紧紧缠住了鲨鱼的腰身，又用尖喙狠咬。鲨鱼的尖嘴利齿没办法咬到章鱼，又被这八条钢索般的长腕勒得钻心疼痛，只得挣扎了一番，带着累累伤痕灰溜溜地逃了。螃蟹、鳚鱼和众鱼虾看傻了眼，十分惊奇地说：“你这一身好功夫，是谁教的？”“是不幸教会了我呀。”章鱼回答说，“你们的担心没错，我无骨无鳞无鳍无尾，是天生的残疾，可残疾和苦难使我坚强。无骨无鳞，我把全身肌肉练得坚韧无比，伸缩自如；无鳍无尾，我注重长腕优势的发挥，弥补自身的不足。这不，今天派上用场了。”不幸也是成功之母，不过，还要有坚强作乳汁。

2. 寓言故事插画造型练习

1）练习目的

通过寓言故事插画造型练习，掌握故事插画造型的方法和技巧。

2）方法和要求

根据下面文字进行插画造型设计，写出创意构思，并绘制出草图效果。

简要故事内容：从前有一个骄傲的茶壶，它对它的瓷感到骄傲，对它的长嘴感到骄傲，对它的那个大把手也感到骄傲。前面是一个壶嘴，后面是一个把手，它老是谈着这些东西。可是它不谈它的盖子。原来盖子早就打碎了，是后来锔好的，所以它算是有一个缺点，而人们是不喜欢谈自己的缺点的——当然别人会谈的。杯子、奶油罐和糖钵——这整套吃茶的用具——都把茶壶盖的弱点记得清清楚楚。谈它的时候比谈那个完好的把手和漂亮的壶嘴的时候多。茶壶知道这一点。

“我知道它们！”它自己在心里说，“我也知道我的缺点，而且我也承认。这足以表现我的谦虚，我的朴素。我们大家都有缺点；但是我们也有优点。杯子有一个把手，糖钵有一个盖子。我两样都有，而且还有他们所没有的一件东西——我有一个壶嘴；这使我成为茶桌上的皇后。糖钵和奶油罐受到任命，成为甜味的仆人，而我就是任命者——大家的主宰。我把幸福分散给那些干渴的人群。在我的身体里面，中国的茶叶在那毫无味道的开水中放出香气。”

这番话是茶壶在它大无畏的青年时代说的。它立在铺好台布的茶桌上，一只非常白嫩的手揭开它的盖子。不过这只非常白嫩的手是很笨的，茶壶落下去了，壶嘴跌断了，把手断裂了，那个壶盖也不必再谈，因为关于他的话已经讲得不少了。茶壶躺在地上昏过去了；开水淌得一地。这对它说来是一个严重的打击，而最糟糕的是大家都笑它。大家只是笑它，而不笑那只笨拙的手。

“这次经历我永远忘记不了！”茶壶后来检查自己一生的事业时说。“人们把我叫做一个病人，放在一个角落里；过了一天，人们又把我送给一个讨剩饭吃的女人。我下降为贫民了；里里外外，我一句话都不讲。不过，正在这时候，我的生活开始好转。真是塞翁失马，焉知非福。我身体里装进了土；对于一个茶壶说来，这完全是等于入葬。但是土里却埋进了一个花根。谁放进去的，谁拿来的，我都不知道。不过它既然放进去了，总算是弥补了中国茶叶和开水的这种损失，也算是作为把手和壶嘴打断的一种报酬。花根躺在土里，躺在我的身体里，成了我的一颗心，一颗活着的心——这样的东西我从来还不曾有过。我现在有了生命、力量和精神。脉搏跳起来了，花根发了芽，有了思想和感觉。它开放成为花朵。我看到它，我支持它，我在它的美中忘记了自己。为了别人而忘我——这是一桩幸福的事情！它没有感谢我；它没有想到我；它受到人们的崇拜和称赞。我感到非常高兴；它一定也多么高兴啊！有一天我听到一个人说它应该有一个更好的花盆来配它才对。因此人们把我当腰打了一下；那时我真是痛得厉害！不过花儿却迁进一个更好的花盆里去了。

至于我呢？我被扔到院子里去了。我躺在那儿简直像一堆残破的碎片——但是我的记忆还在，我忘记不了它。”

练习二　故事插画线条练习

1）练习目的

通过故事插画线条练习，掌握插画线条处理的方法和技巧。

2）方法和要求

分别将练习一中的童话故事插画造型和寓言故事插画造型进行线条处理，并将线条效果打印出来。

练习三　故事插画色彩练习

1）练习目的

通过故事插画色彩练习，掌握故事插画的上色方法和技巧。

2）方法和要求

分别将练习一中的童话故事插画造型和寓言故事插画造型进行上色，并将绘制效果打印出来。

练习四　综合练习

1）练习目的

通过故事插画设计练习，掌握故事插画设计的方法和技巧。

2）方法和要求

拟订一个故事进行插画设计，写出故事主要内容及创意构思，并将制作出的最终效果打印出来。

第 7 章　插画技巧

练习一　画笔工具练习

1. 画笔软硬度

1）练习目的

通过画笔软硬度练习，熟悉和掌握画笔工具的使用方法和技巧。

2）方法和要求

参照下面图例，调整画笔的软硬度并在空白文档中进行画笔软硬度练习。

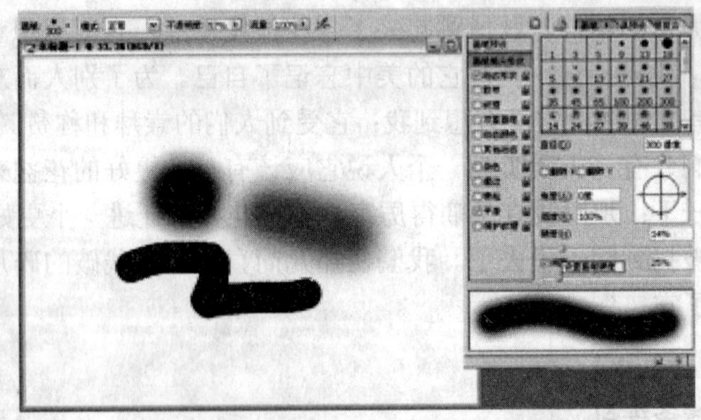

2. 画笔透明度

1）练习目的

通过画笔软透明度练习，熟悉和掌握画笔工具的使用方法和技巧。

2）方法和要求

参照下面图例，调整画笔的透明度并在空白文档中进行画笔透明度练习。

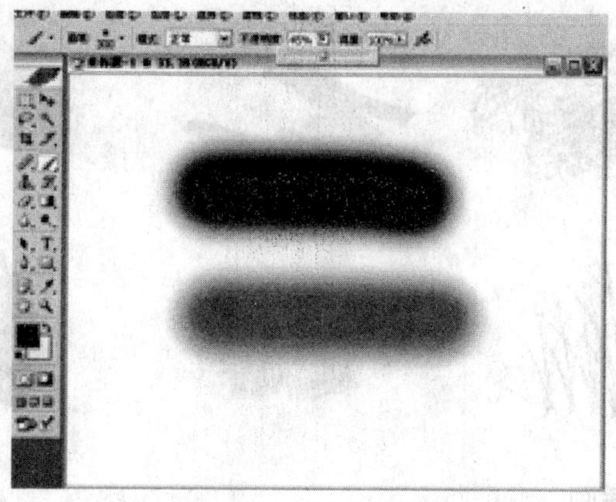

3. 画笔笔尖工具

1）练习目的

通过画笔笔尖工具练习，熟悉和掌握画笔工具的使用方法和技巧。

2）方法和要求

参照下面图例，使用不同的画笔笔尖工具在空白文档中进行画笔练习。

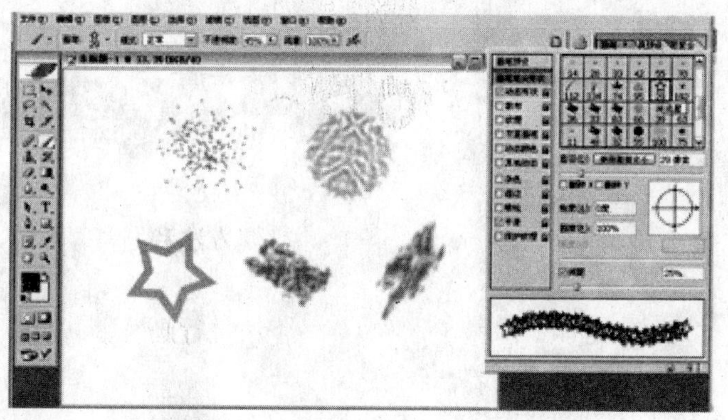

练习二 滤镜

1）练习目的

通过滤镜练习，熟悉和掌握滤镜的使用方法和技巧。

2）方法和要求

参照下面图例，使用不同的滤镜工具对不同的画面进行滤镜处理，并观察其结果。

练习三 绘制特殊机理

1）练习目的

通过绘制特殊机理练习，熟悉和掌握绘制插画的技巧。

2）方法和要求

参照下面图例，制作出不同的肌理效果。

练习四　使用照片制作插画

1）练习目的

通过使用照片制作插画练习，熟悉和掌握绘制插画的技巧。

2）方法和要求

选择合适的照片或图片进行插画制作，写出制作过程，并将制作出的最终效果打印出来。